山东省社会科学规划研究重点项目"山东乡村重构水资源循环利用的建设对策研究"（编号：19BJCJ42）；国家重点研发计划课题"村镇社区宜居单元营造标准研究"（编号：2019YFD1100805）；山东省优势特色学科建筑学专项经费

乡村水系统规划

RURAL WATER SYSTEM PLANNING

孔亚暐　姜　宽　赵子玉　著

中国建筑工业出版社

图书在版编目（CIP）数据

乡村水系统规划=RURAL WATER SYSTEM PLANNING /
孔亚暐，姜宽，赵子玉著.—北京：中国建筑工业出版
社，2021.12
（山东建筑大学建筑城规学院青年教师论丛）
ISBN 978-7-112-26781-1

Ⅰ.①乡… Ⅱ.①孔… ②姜… ③赵… Ⅲ.①农村—
节约用水—研究 Ⅳ.①TU991.64

中国版本图书馆CIP数据核字（2021）第211099号

责任编辑：何　楠　徐　冉
书籍设计：锋尚设计
责任校对：芦欣甜

山东建筑大学建筑城规学院青年教师论丛
乡村水系统规划
RURAL WATER SYSTEM PLANNING
孔亚暐　姜　宽　赵子玉　著

*

中国建筑工业出版社出版、发行（北京海淀三里河路9号）
各地新华书店、建筑书店经销
北京锋尚制版有限公司制版
北京建筑工业印刷厂印刷

*

开本：787毫米×1092毫米　1/16　印张：12½　字数：280千字
2022年4月第一版　2022年4月第一次印刷
定价：56.00元
ISBN 978-7-112-26781-1
（38528）

目录

1

引言

1.1　背景与问题

　　水对于人类聚居空间营建的重要性自古已成为共识。在长期开展的北方地区泉水聚落保护的系列研究中，通过对山东、山西、河南、河北四省300多个村落的实地调研，笔者不断加深在该方面的认知。对于尚存的保护较好的部分传统村落，笔者认为水系统与村落及空间的关系有三：一是仅凭朴素生态智慧维系着生活、生产中的良性水循环；二是集水、取水、送水、用水、排水等水设施具有较大空间规模，与建筑、院落、道路、景观、公共空间、自然环境等形成有机结合；三是各类"涉水"空间构成优良的景观体系，实质性地影响着村落空间环境与风貌特色（孔亚暐，2015）。而绝大多数村落为满足不断提升的生活、生产需求，在水系统的现代化改造中呈现出几个需反思的现象：一是各类水基础设施仅关注自身技术指标，忽视系统协同维系的循环平衡，水污染问题愈发严重；二是现代施工技术更方便地将大多数设施入地敷设，虽节省了一定的空间，确保了饮用水安全，但是破坏了由水系统统领的宜居村落空间组织。这些思考促发了本课题的研究动机，即技术如何优雅地继承传统，现代乡村水系统如何通过低成本适宜技术的高效集成，良性循环地构筑村落空间形态的特色。

　　对于当前的乡村而言，核心问题在于由传统的物质闭合循环转向线性代谢的过程中，内含的农业生产亟需的养分，却反转成为生态环境的首要污染物（崔继红，2016）。取水供水、用水排水、收集处理、回用排放4个阶段缺少系统的技术连接和景观处理，分离堆设的各类设施难以重塑闭合代谢循环，资源流失、污染加剧等水环境问题依旧；"涉水"基础设施仅考虑满足村民的生活、生产需求，输入净水、输出污染，将养分以污染物的形式排放至周边环境中，引发了一系列的水生态问题；基础设施专项规划设计以满足线性代谢过程的水处理技术指标为限，与乡村空间设计的协同互动偏少，且闲置了不少富有情趣的传统水处理传输空间。严峻的乡村"水"问题实质上并不仅仅指向技术创新，还需要重新思考乡村水系统布局与乡村空间形态之间的互动联系，以及由此带来的生态、社会、美学等的综合成效。

广泛持续的乡村调研使笔者认识到，水系统空间自古以来就是乡村空间体系的主导要素之一，其良好的布局方式不仅是重塑闭合循环、根除污染问题的基础手段，还是维系乡村空间形态特征的要因。以基础设施作为景观（Infrastructure as landscape：Strang，1999）、基础设施空间（Coner，2004；Mossop，2006）、水基础设施（Grigg，2010）等概念的涌现，从理论和方法等层面佐证了这一理念的科学意义与操作可行性。

乡村水系统的目标是实现水以"净化"状态（输入达到生活、生产分类标准的水，回用满足不同水质要求的水，输出对环境无危害的水）穿越乡村空间（Jones，2009）。在这个时空的生态过程中，各类设施在空间上的有机植入有助于同步提升技术和空间效用（Exall，2004），基础设施景观可以实现社会、生态、美学等多重价值（Waldheim，2006），乡村建设的适度投资原则又体现了必要的经济属性（崔东旭，2006）。因此乡村水系统应从"技术效率、空间效用、生态效能、社会效应、审美效果、经济效益"六个维度整体审视，这为乡村空间形态与水系统的关联研究提出了一个新视角。我国干旱区、半干旱区、半湿润区、湿润区内的乡村水系统构建方法与空间布局方式差异巨大，由此造成村庄风貌与空间形态特征的显著差异；同处于半湿润区内，严寒地区、寒冷地区、夏热冬冷地区的乡村空间与水系统的营建方式又存在明显的不同（岳邦瑞，2011；李钰，2012；袁青，2015；王竹，2015；丁金华，2015；孔亚暐，2018）。本研究聚焦于半湿润区内的北方寒冷地区，其乡村水系统与空间形态一体化研究具有样本意义。

西方发达国家目前已进入人口城镇化率高、农业规模化普及广的发展阶段，立基农业的人口中高度聚居地存在数量极少，人居环境领域的相关研究成果对我国的借鉴作用欠缺。我国建设重城市、轻农村的局面，导致乡村人居环境研究的地区和领域存在大量盲点（曾坚，2011）。《中国科学院 2011–2020 学科发展战略研究专题报告集：建筑、环境与土木工程》指出了"填补盲点，探索特殊区位乡村人居环境建设理论"的研究前沿，提出了"建构基于循环经济的乡村生态规划和绿色建设理论"和"将空间规划与资源、景观等专项规划相结合"等重要研究方向。本研究以重塑水、养分的闭合代谢循环为切入点，探索空间布局方式对于保障水系统良性运转、物质闭合循环的作用规律以及水系统空间与乡村空间形态的协同增效关系，提出整合水系统的乡村空间分析、设计方法与应用策略，具有普适的理论意义和广阔的应用前景。

《山东省乡村振兴战略规划（2018–2022 年）》的愿景目标是统筹生产、生态、生活一体布局，实现"三生三美"融合发展。产业兴旺、生活富裕需要更多的资源供给与污废处理，这已成为与生态环境共荣发展所面临的首要问题。水是物质传输的重要载体，当前我国大部分农村的线性代谢会造成水资源短缺、污染加剧等，在乡村空间中适度设置相关基础设施，既可以重塑水资源的循环利用、解决农村污染的难题，又能够重现水景观统领的乡村风貌特色，重构当代乡村的空间特质，是目前乡村建设决策的重要关注点之一，将会成为"乡村振兴"战略实施的重要保障手段。

1.2 研究范围与对象

1.2.1 研究范围

我国地域辽阔,各类村落分布于气候、地形与地貌等存在明显差异的不同地区,干旱、半干旱、半湿润、湿润地区的乡村"涉水"基础设施形式与布局方式有着巨大的差异,由此造成了村庄风貌与村庄形态的显著差异;同处于半湿润区内,严寒地区、寒冷地区、夏热冬冷地区的乡村空间与水基础设施的营建方式又存在明显的不同,本书研究范围限定为半湿润地区与寒冷地区交汇的山东地区,这个区域还包含山西、河南、河北等省的大部分地区,对其水系统空间组织模式的研究具有示范意义。

1.2.2 研究对象

研究对象为半湿润寒冷地区的山东乡村"涉水"基础设施空间。半湿润地区是指干燥度为 1~1.50 的地区,包括东北平原大部、华北平原、黄土高原东南部以及青藏高原东南部,该区域的降水量一般为 400~800mm;寒冷地区指的是我国最冷月平均温度满足 -10~0℃,日平均温度 ≤ 5℃的天数为 90~145 天的地区。因而半湿润寒冷地区指的是半湿润区与寒冷区的交汇区域,该区域包含山东省、山西省、河南省和河北省的大部分区域。

1.3 研究目的与价值

1.3.1 研究目的

总体研究目的定位于我国乡村振兴战略下的新农村建设,旨在提出一种新观点和新思路,面向当前各类成熟涉"水"基础设施未解决的乡村"三水"问题,通过水系统的技术连接与空间整合,在既有限制因素制约下,重塑乡村的水、养分闭合循环,重建乡村原有的水系统空间与乡村空间同生共长的良性发展态势,重构水系统空间有机植入下的乡村空间形态特色,探索一条以现代基础设施保障可持续发展的新型乡村建设途径,可以完善现有的乡村人居环境理论体系,也可为我国当前的生态乡村建设提供实践指导。研究的核心主要包括以下三方面内容:

(1)以水、养分代谢过程为关键线索,探明维系水资源闭合循环的乡村水系统要素结构及适宜的布局方式,揭示乡村水系统空间与乡村空间形态的互动机理,提出以水系统空间增益乡村空间形态的实施路径,并论证其对我国乡村可持续发展的适应性。

(2)探索乡村以净水排用、养分循环为目的,探索适宜的人口、水量、养分等与水基础设施空间规模的平衡配量关系,建立获取水、养分代谢以及各类设施处理容量及对应规模等数据的正确途径,并完善各环节的组分量化计算方法。

(3)通过水、养分代谢重组乡村水系统的设施体系,提出符合研究区域内乡村的气候环境条件、资源供需状况和发展需求的水系统空间组织方式以及水系统有机植入的乡村空间形态类型特征和优化策略。

1.3.2 研究价值

在乡村快速城市化、乡村水生态环境污染问题日渐涌现之际，本书在我国"乡村振兴战略"的政策背景下，对特定区域内乡村水系统的空间组织模式进行归纳与研究，具有以下两方面的价值：

1. 学术价值

从乡村水系统空间组织模式的角度入手，探索了乡村水系统与乡村空间的关系，构建了"乡村振兴"战略下的乡村建设新模式，为制定乡村建设政策提供借鉴；在研究中反思乡村资源循环利用，进一步实现生产、生活水平提升与生态环境保护的同步化；探索基础设施保障可持续发展的新型乡村建设路径，提出整合基础设施的乡村建设与设计的新方法，充实我国的乡村营建方法体系，在一定程度上为我国的乡村规划建设研究提供理论补充。

2. 应用价值

一方面，对乡村代谢循环的研究有利于为农村发展循环经济提供物质空间支持，解决资源短缺、污染加剧等难题，为政府相关决策提供科学依据；另一方面，提出整合乡村水系统空间的乡村建设与设计的新思路，为乡村空间设计和乡村水系统规划设计提供了一种生态、可持续的建设方法，探索了一种可推广的设计模式，为我省乡村规划普及提供了模板；同时，该研究设定的条件与周边的河南、河北、山西等省相通，可以实现成果的推广应用。

1.4 相关概念解读

1.4.1 基础设施空间

基础设施指为社会生产和居民生活提供公共服务的物质工程设施，是用于保证国家或地区社会经济活动正常进行的公共服务系统，也是城乡空间环境得以存在的物质基础以及社会经济文化等上层建筑得以维系的基本保障。

基础设施作为重要的城乡物质空间要素，在实现其功能的同时，自身也需要占据一定的空间。与城乡其他构成空间不同，基础设施空间既包含了交通系统、能源系统、水资源及给水排水系统等构成要素自身所占据的空间，也包含了道路绿化、江河堤岸及城市绿地等为满足基础设施布局而形成的扩展空间。由此可见，基础设施空间对于城乡空间有着重要的影响，众多基础设施空间与城乡空间的界限存在着模糊性，在一定程度上能够影响城乡空间的布局。例如交通系统空间是城乡空间形态与布局的重要限定因素，而水基础设施空间则多和城乡公共空间有着紧密联系，是人们休憩、娱乐的重要场所。

同时，基础设施空间对城乡景观空间也有着重要影响，景观都市主义在对城市景观的研究中将基础设施纳入景观空间的范畴，认为基础设施空间与其他城市空间相同，具有一定的社会、美学和生态方面的功能。基础设施不仅是维系城乡正常运转的基础，也是城市景观空间的载体，对于提高城市空间品质，增强城市活力与居民体验感有着重要作用。因此，对于基础设施空间的研究具有重要的意义。

本书对于基础设施空间的研究主要集中在乡村水系统中的"涉水"基础设施空间组织模式方面，探讨乡村"涉水"基础设施的分类、空间植入形式以及对乡村空间的需求等内容，研究"涉水"基础设施空间与乡村空间的关系，并进一步探索"涉水"基础设施对乡村空间的影响。

1.4.2　乡村水基础设施空间

乡村水系统基础设施空间是针对乡村水系统中"涉水"基础设施的进一步空间细化，即乡村水系统在空间落位时具体设施所占据的空间规模，涉及水基础设施传输量、占用空间、内部结构与运行空间等内容，同时对乡村空间有着重要影响。

乡村水系统中的"涉水"基础设施空间具有位置分散、地方性强、正外部性和规模性不明显等特征，对乡村空间的发展具有很大的影响。同时各个"涉水"基础设施也是乡村水景观空间的重要组成，对乡村景观提升具有良好的增益效果。而当前的水基础设施却过于注重技术因素和建设工程而忽略了其对于乡村空间的影响，企图以一个统一的形式来解决乡村发展面临的水污染问题，忽略了设施自身空间对乡村空间的影响，因此，对乡村水系统基础设施空间与乡村空间的关系的研究具有重要意义。

1.4.3　空间组织模式

"空间组织"是基于发展的需要，通过对空间组织系统内部各构成要素的内在关联性的挖掘，探究各个构成要素之间空间组合方式中所蕴含的普遍规律；而"模式"一般是指某种事物的标准形式、标准样式或基本规律，模式也可称为"范型"。在社会学研究中，模式又是以自然现象或社会现象研究为过程，从中抽象或提炼出一种较有普遍特征的理论图式或解决路径，是一种思维范式。乡村水系统空间组织模式受到乡村多方面的影响，特别是乡村空间形态、传统用水智慧和现代"涉水"设施等方面对乡村水系统空间有着决定性作用，为了更好地研究乡村水系统空间组织模式、引导乡村空间重构，对特定地域环境中的乡村水系统空间组织模式进行系统研究则显得很有必要。

1.5 国内外研究现状及发展动态分析

1.5.1 乡村水系统空间整合必要性的理论研究

乡村人居空间是聚落与外部生态环境之间物质、能量、信息的连接体系（Douglas，1978），衡量乡村空间可持续发展水平的关键因素之一，即是资源管理的平衡性和循环性（Agudelo-Vera，2011）。Jones（2010）指出，水承载着乡村生活、生产中大部分的物质传输，水基础设施系统对于乡村的生态保护和可持续发展作用重大。Corner（2004）提出，由基础设施连接的自然系统和建成环境系统的互动是决定城乡形态的基础，基础设施的系统和网络成为城乡形态生成和演变的基本框架，Mossop（2006）根据基础设施空间的概念，重新审视了基础设施空间整合的生态、社会、美学等多重效能与实施路径。城市层面，从资源可持续管理的角度，思考了水基础设施空间整合对城市空间形态的影响（Pedersen，2013；Torres，2013），为乡村层面的水系统空间整合提供了理论和方法借鉴。

我国乡村水系统的理想技术目标是以资源循环回用避免污染危害，而资源循环回用本质上是其内含物质的代谢平衡（崔继红，2016）。Wolman（1965）最早提出城市代谢（Urban Metabolism）概念，通过分析人居空间内能量、物质流动的基本方式，在原材料、能源与水等方面指出重建闭路循环的目标与实施路径。高晓明（2015）分析了城市代谢与城市形态关联研究的可行性，综述了国外适用的理论和方法。日本具有与我国较为相似的乡村结构，于1970年代开始倡导在乡村建立农牧一体化的地域循环系统，石峰（2013）以北海道中札内村为例，通过以磷为单一质料的拓扑结构代谢分析模型，量化提出循环经济理念下的乡村代谢系统构成。西方发达国家在可持续水系统（Rijsberman，2000）、污水就地回用的水循环（Exall，2004）、生态农业促进的社区闭路代谢循环（Codoban，2008）、水基础设施（Water Infrastructure，Grigg，2010）、资源管理导向的城乡规划（Agudelo-Vera，2011）等方面，从不同角度开展了乡村尺度的水资源代谢与空间规划的关联研究。

作为基础设施空间的重要组成部分，水系统空间在城乡人居环境及空间中发挥着多重功效。水城市主义（Water Urbanism）提出了水资源管理在城市聚居习惯、生态保护、社会组织、空间演变和文化维系等多方面的作用（Bernal，2013），低影响开发（LID）、水敏性城市设计（WSUD）、可持续排水系统（SUDS）、海绵城市等各国的现代雨洪管理体系，探索着相关水基础设施的生态、空间、社会、美学的复合价值功能（车伍，2014）。邵益生（2004）提出了城市水系统的概念，分析了系统的要素结构和循环模式，认为系统具有环境、社会、经济的三重属性。乡村景观方面的研究认为，基础设施景观应具有自然景观的适宜性、功能性、生态性，经济景观的合理性与社会景观的文化性和继承性（王云才，2003）。汪洁琼（2017）提出了乡村水生态系统在调节性服务、供给性服务、支撑性服务、文化性服务这四大类型下的8个空间增效维度，从要素构成、体系结构、功能特征、增效机制等方面建立了该系统的整体研究框架。

1.5.2 乡村空间与水系统空间的关系研究

技术设施植入方面。Hough（1984）建议以太阳、风和重力的能量实现污水中氮、磷等营养盐的回用，提出农业与小型处理设施相结合的污水自然处理与循环利用模式及空间布局方式。郝晓地（2008）引鉴美国分散式污水处理的经验与技术，张健（2008）根据以源头分离和资源回收利用为核心的生态排水理念与各国实践应用方案，分别提出了技术设施在（乡村）社区、建筑尺度上的空间整合方式与方法。刘兰岚（2011）分析了日本国内平均服务193户及979人的分散式污水处理设施的体系工程与乡村空间植入模式。

空间整合方式方面。Engel-Yan（2005）从可持续发展的需求出发，分析了社区尺度的水系统与绿色建筑、交通系统、景观空间等的相互作用关系与空间整合方案。Kennedy（2011）将代谢研究引入农住区规划设计中，建立能量、水、物质和养分等部分闭路循环的拓扑结构模型，以此量化形成空间结构，提出了加拿大多伦多港区的理想空间形态。Takeuchi（1998）在日本传统农区构建了以 $100hm^2$ 为基本单元的循环代谢空间系统，根据城郊、传统农区和山区三类生态村模式，分别提出包含水系统在内的基础设施体系结构量化模型，并逐类分析空间整合方式及其诱致的乡村空间形态特征。王秋平（2011）设计了陕西地区集污水、雨水的收集、处理于一体的新乡村排水系统，并提出了系统与村落空间的适宜结合方式。刘滨谊（2013）总结了我国半干旱农区村庄的低技生态雨水利用模式，提出了水、绿基础设施在乡村空间的组织方式。

空间特色营建方面。我国各地区的降水、气候与资源等差异巨大，水系统的设计重点各不相同，导致村庄空间形态与建筑形式的鲜明特色。生态脆弱的西北旱区形成了逐水聚居的村落空间形态特点和雨水高度集用的生土建筑特色（岳邦瑞，2011；李钰，2012）；西南山地村镇水系的首要生态隐患是水体萎缩和廊道阻滞，应顺应汇水通道，重塑层叠错落的山村空间组织形式（戴彦，2013）；寒冷地区在冰雪融化季节的排水是关注要点之一，适寒性布局与季节性排水成为影响村庄与院落空间形态的主因（袁青 2015）；南方湿润区的水文循环成为乡村点空间布局的主导影响因素，由此形成了水网乡村的空间结构与特色风貌（徐小东，2015；丁金华，2016）；水资源短缺的海岛地区重视淡水（雨水）收集利用、循环用水等，海岛的乡村与建筑因此形成了顺坡融势建造的特征（张焕，2015）；北方地区泉水聚落的空间形态受到特类（泉水）水系的主导控制，孔亚暐（2015）在调研过的山东、山西、河南、河北的300余个泉水村落中择取21个典型案例，归类解析生活、生产和景观（生态）用水需求下泉水水系与村落空间共生的形态格局。

1.5.3 整合水系统的乡村空间形态构建策略研究

McHarg 在 *Design with Nature*（1969）中倡行在自然系统和建成空间系统中有机植入生态技术，促进城乡系统的良性运转；库哈斯在巴黎拉维莱特公园设计竞赛的方案中，将原有工业场地上的基础设施用作重构场地空间的要素，体现了以基础设施作为景观的思想，并提出了空间设计方面的应用策略（Koolhaas，1995）。基础设施景观方面的研究，提供了与水系统同类并可借鉴的其他异质要素植入后的乡村空间构建思路与策略。能源景观将目前脱节的空间规划与能源规划连接为一体，提出了能源生产空间与村镇空间整合的空间规划布局形态（Blaschke，2012；张一飞，2014）；贺艳华（2014）综合耕作半径、出行距离感知、邻里认知尺度、治理管辖范围等影响因素，提出了交通基础设施 RROD（Rural Road-Oriented Development Model）模式下的乡村聚居空间结构优化。

Forman（1995）提出"大集中、小分散"的乡村生态空间布局方式，可以作为资源循环代谢模式下乡村空间形态的整体控制原则。孔亚暐（2018）选择半湿润区内的山地型村落为研究对象，通过分析乡村水系统的体系构成、功能特征和空间适应性机制，初步提出了该区域内整合水系统的乡村空间形态结构。丁金华（2015）运用空间耦合理论，分析了苏南乡村聚落与水网环境的耦合现状和优化策略，重建了苏南乡村水资源的生态循环。徐小东（2016）提出通过基础设施建设，构建水网密集地区乡村的紧凑发展空间模式，形成了滨水景观风貌与乡村集中居住两种格局分明的空间结构关系。汪洁琼（2017）在建立水生态系统空间形态增效机制的基础上，以舟山市嵊泗岛田岙村为例，具体提出了系统综合效能在空间形态增效方面的应用步骤与对应策略。冯骞（2011）具体介绍了我国的沼气池、尿液转化设施、水处理设施、蓄水池、雨水罐、源分离厕所、人工湿地、生物滤池、传输管网等设施的空间结合方式。

1.5.4 空间形态类型模式的构建方法与分析评价研究

马晓东（2012）利用遥感影像 GIS 分析技术，提取出了江苏省乡村聚落形态的地域类型及特征；Jones（2010）提出了以可持续发展为诉求的发展中国家水基础设施的体系结构；王秋平（2011）分析了陕西地区新农村排水系统的组织形式；Takeuchi（1998）建立了基础设施系统结构模型与乡村空间形态的转化途径。综合归纳这些研究成果，可以厘清整合水系统的乡村空间形态的类型模式构建思路与方法。汪洁琼（2016）构建了雨水相关的生态系统服务评价模型，基于水生态系统服务效能机理，提出了一套全过程模型分析、评价控制下的江南水网空间形态重构方法。西方发达国家已开始尝试通过运算模型生成的方法，预测水基础设施整合下的空间形态发展趋势与类型特征，可以科学直观地表述出由空间形态机制向模式特征转化的过程（Pedersen，2013；Torres，2013）。

孔亚暐（2016）指出，整合取水、集水、排水和生态用水的泉水水系是泉水聚落空间形态的主导构因，并在建筑学研究尺度下构建了"图学"+"图论"+"历史地理分析"互证的空间分析方法。Makropoulos（2010）提出了可持续社区的分布式水基础设施要素构成、应用策略以及基于代谢分析的系统效能评价与措施优化；Kennedy（2011）提出了代谢分析及评价在城乡规划与设计中的应用方式。谢花林（2004）结合层次分析法（AHP）和多目标线性加权函数法，以社会、生态、美学三个因子体系建立了乡村景观功能的评价指标体系与评价方法；尹宏玲、崔东旭（2016）利用层次分析法与加权算术平均法，以"空间效应、供给效率、投资效益"三个维度，建立了城镇群基础设施的效能评估模型及方法，提出了面向设计的评价优化过程。

1.5.5　整合水系统空间的乡村空间规划设计相关研究

在乡村水系统的整体空间结构对乡村空间结构的影响方面，国内外学者已经进行了许多相关研究。Takeuchi（1998）基于物质循环流动的理念，在城市边缘地区、典型农村地区和偏远山区设计了3种不同类型的生态村模式，分别提出了包含水系统在内的基础设施体系结构量化模型，并逐类分析了空间的整合方式，建立了在此基础上的理想生态村空间模型。Pedersen（2013）从资源循环利用的角度，来研究城市水基础设施空间的整合对城市空间的相关影响，这开启了乡村层面进行相关研究的新视角。有些国家已经开始通过模型生成的方法，预测水基础设施整合下的空间形态发展趋势与类型特征，可以科学直观地表现出空间形态机制的转化过程（Torres，2013）。仝晖（2016）研究了水系影响下的村落空间结构的形成机制，指出溢流水系是村落空间形态构成的显性控制因素和村落肌理构成的隐性作用因素。

我国幅员辽阔，不同地域的乡村和水系统空间特征差别很大，根据地域性差异来进行基于水系统空间的乡村空间设计研究十分重要。王秋平（2011）设计了陕西地区乡村污水资源化利用和雨水收集利用的新排水系统，并探讨了系统与乡村空间的结合方式。刘滨谊（2013）提出了我国半干旱区在宏观、中观和微观3种尺度下的乡村雨水利用模式，并研究了水基础设施在乡村空间中的组织方式。徐小东（2016）提出在保留乡村水系统基本空间结构的情况下，通过集中的基础设施建设，构建水网密集区乡村的紧凑发展空间模式，形成了滨水自然景观风貌与乡村集中居住两种空间结构关系。孔亚暐（2018）以半湿润区山地型乡村为研究对象，分析了乡村水系统的体系构成、功能特征和空间适应性机制，认为系统以重力自流为主的运行方式在很大程度上决定了乡村"涉水"基础设施的布局方式，还深度影响着村落空间的构型，初步提出了该区域内整合水系统的乡村空间形态结构，并总结了系统对乡村空间形态的作用规律。

1.5.6　研究简评

对于生态环境和乡村自身而言，乡村水系统的多重意义及相关技术问题在国内外学术界得到了较多关注，尤其是乡村的水和养分循环、系统的体系结构、适宜技术的选择和应用等均得到了较为充分的讨论并达成了共识，取水供水、用水排水、收集处理、回用排放4个过程中均有成熟技术成功地应用到生态乡村的实践中，学者们对于乡村水系统的综合功效也进行了总结。对于乡村水系统空间与乡村空间的相互作用关系，国内外学者在不断地研究论证，已初步探明二者良性的空间结合不仅可以更好地发挥水系统的多重功效，更为重要的是对于乡村空间形态具有重要影响，并在不同的"涉水"角度积累着乡村空间研究的理论基础和实践经验。

由于学科专业分化等原因，国内外对于这个新兴领域的研究也存在不足。一是乡村水、养分循环作为一个穿越乡村空间的生态过程，相关国内外研究主要偏重于提升技术效率和部分生态效能方面的讨论，缺少对水系统空间与乡村空间多维度互动机理的研究，此为学理性之不足；二是对于乡村水系统的体系结构及适宜技术等有较深入的讨论，而系统体系及技术终究需要以合理的方式植入到乡村空间中，目前缺少水系统空间和乡村空间互融共生的整合研究，此为整体性与专项化的不足；三是国外缺乏立基农业的人口中高度聚居地案例，其水基础设施和乡村空间方面的前沿理论与应用研究急需转化，我国目前针对乡村水问题的研究点主要在技术研发与示范应用方面，从空间层面寻求突破点尚属空白，此为本土化之不足。本书正是基于上述现状，尝试针对空间整合这一深层实质问题，开展以良性空间组织达成乡村水系统综合功效诉求的研究，揭示水系统空间与乡村空间的互动机理，在乡村振兴战略的时代背景下，探索重塑水资源闭合循环的可持续乡村空间形态新特征。

1.6 研究思路与内容

1.6.1 研究思路

空间是乡村存在的基础，容纳生活、生产并与技术体系有机结合；技术系统则是乡村有效运转的动力，水系统保障乡村水、养分代谢过程中各个环节的循环运转。乡村水系统空间的合理布局决定着系统整体的技术效率，但前提是其布局方式必须适于乡村空间的发展，而有机植入的水系统空间又可以促进乡村空间形态的提升，因此与乡村物质空间之间存在着互为前提、相互制约的互动关系。这种互动关系决定着水系统空间与乡村空间形态的不确定性，是乡村水系统空间组织和乡村空间形态类型特征研究的重要前提，因此对山东的乡村进行归纳分类，构建区域内乡村水系统模型，探索水系统空间与乡村空间的整合策略，进而得出一套适用于山东乡村的与水系统整合发展的乡村空间规划设计模式，总体研究思路如下：

（1）研究在代谢循环的视角下，通过对乡村"涉水"基础设施空间系统化的研究，提出乡村水系统的概念，并以山东地区乡村空间结构为基础，建立典型乡村的参照模型，研究水系统设施空间规模与乡村空间规模的互动关系，分析环境适应性、空间植入方式等，探明水系统空间与乡村空间的整合机理。

（2）以半湿润地区与寒冷地区交汇的山东地区乡村空间为载体建立水系统空间组织结构模型库，进而探讨乡村水系统在乡村空间中的组织方法，从而为水系统空间组织模式提供实施框架、选项工具箱和效能评价依据，并进一步总结出适合山东的资源、环境、气候条件和乡村振兴发展需要的乡村空间组织模式。

（3）在归纳总结出的乡村水系统空间组织模型库中选取山东不同地区的典型乡村案例作为研究对象，探索水系统空间组织模式在乡村规划设计中的适变应用，进一步检验、优化研究成果，以保证研究的科学性。

1.6.2 研究内容

本书立足于半湿润寒冷地区，以半湿润区与寒冷区交汇的山东地区乡村为主要研究对象，从代谢循环的视角探索乡村水系统的空间组织模式。在结合国内外相关理论与实践研究的基础上，建立乡村水系统的概念，并进一步通过对山东区域水系统空间植入的研究以及乡村水系统空间组织结构的构建与适变应用，提出针对该区域的乡村水系统空间组织模式设计方法，探索特定气候、特定区域的乡村水系统空间组织模式（图1-1）。具体内容如下：

（1）结合国内外相关理论与实践研究，立足于代谢循环的高度，将乡村"涉水"基础设施系统化，提出乡村水系统的概念，进而对其构成要素、结构特征、层级以及综合效能等方面进行分析，并在此基础上对半湿润寒冷地区的山东区域乡村水系统空间进行初步探讨。

（2）通过对山东地区乡村水系统空间构成需求进行探究，对水系统空间与乡村空间的作用机理进行研究，探索水系统空间植入对乡村空间的需求，进一步从院落尺度、单元尺度、村域尺度三个层面研究各"涉水"基础设施空间植入方法。

（3）结合乡村空间形态研究，构建乡村空间模型，分析乡村水系统在不同乡村的空间组织结构，探索特定气候、特定区域、不同类型的乡村水系统空间组织模式，并进一步分析水系统空间组织结构与乡村空间结合的方法，最后以山东地区典型乡村为例探讨水系统空间组织模式的适变应用。

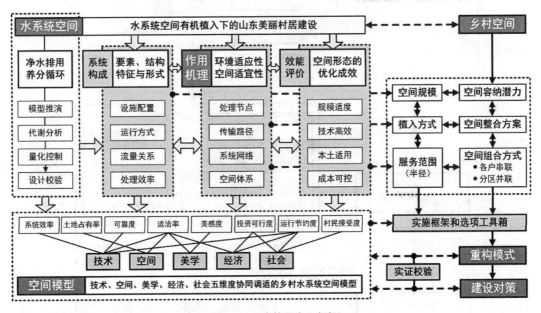

图1-1 研究的思路及内容

从循环利用理念、水系统体系构成、适宜建设模式、具体执行方法、建设应用策略、建设成效评价等多个方面，针对山东地区乡村提出"涉水"基础设施建设策略的实施方案与效能评价标准，进而为山东省农村人居环境整治、乡村风貌建设、美丽村居建设以及农村生态可持续发展提供决策思路与实施细则。

1.7 研究框架与方法

1.7.1 研究框架（图1-2）

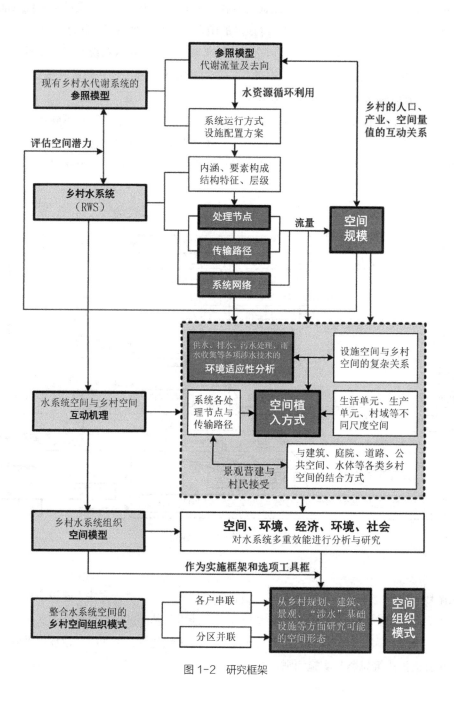

图1-2 研究框架

1.7.2 研究方法

本书采用的研究方法主要有文献研究与实地调查法、系统分析法、定性结合定量分析法、理论研究与实证分析相结合等方法。

1. 文献研究与实地调查法

通过线上、线下相结合的方式查阅研究所需的资料，归纳整理相关参考文献，梳理国内外相关研究和实践成果，提出总体理论假设，初步构建分项研究框架；结合前期取得的乡村调研成果，开展查证补充的调研分析，完成乡村现状类型的研究，建立乡村水、养分代谢系统的基本模型，进行总结与评价。通过田野调查，获得乡村的一手资料，保证研究的真实可靠性。

2. 系统分析法

研究从系统的层面分析了乡村"涉水"基础设施之间的关系，建立了乡村水系统的概念，并对水系统要素构成、结构特征、层级关系、综合效能、空间拓扑结构进行分析与研究，为研究半湿润寒冷地区乡村水系统空间组织模式提供理论基础。同时，研究水系统空间与乡村空间和用地条件之间的复杂关系，各节点、路径的设施在不同尺度下的空间植入方式，各设施空间与乡村内各类空间的结合方式以及乡村水系统空间的多维度效能，提出技术、空间、美学、经济、社会五个维度协同调适的空间模型。

3. 定性结合定量分析法

本研究中运用建筑学专业传统的空间分析等定性研究方法，利用 GIS 平台对所选区域的地形、坡度、坡向、汇水方向进行数据分析，同时对所涉及的具体"涉水"基础设施的空间植入进行量化分析等定量研究，获得综合性分析结果，进而对乡村水系统空间组织进行优化设计，探索特定区域的不同类型乡村水系统空间组织模式。

4. 理论研究与实证分析相结合的方法

将空间模型应用到山东的典型乡村案例中，提出乡村空间重构模式及适宜建设方案，验证并优化研究成果，为"乡村振兴"战略的实施提供决策支持与执行细则。任何科学研究都不能脱离其他学科的支持，本书在对乡村水系统空间重构的研究中除了采用本学科的知识外，同时也涉及了城乡规划、工程学、生态学、景观学等学科、方向的内容。

2

相关理论与乡村
传统用水智慧

本章主要探讨了水系统相关理论、乡村传统用水智慧以及现代水系统空间利用现状，通过研究与主题相关的基础理论，进一步研究总结了传统乡村的用水智慧和当代乡村的"涉水"基础设施，以便将两者有机结合，形成完整的乡村水系统技术体系。最后，还研究了水系统设计相应的设计技术、方法，理论与实际相结合，便于开展后续的设计工作。

2.1　相关理论研究

2.1.1　与城乡空间设计相关的代谢理论

代谢理论源于生物学中的"新陈代谢"，指的是生物体与外界环境之间的物质和能量交换以及生物体内物质和能量的转变过程。19世纪，生物学中的新陈代谢概念被马克思等学者延伸至社会学、经济学等学科，它描述的是人类社会与环境之间的物质交换。

虽然新陈代谢的思想很早就延展到了建筑学领域，但直到20世纪60年代，城市资源代谢的概念才被正式提出，1965年Wolman在其著作《城市代谢》中引入了城市新陈代谢的概念，认为城市系统的运作是一个新陈代谢的过程；Rappaport（1971）通过对城市社会经济系统的研究，提出城市社会经济系统主要由资源消费、能量流动、资本积累和废物排泄四大部分组成，从而对城市代谢理论进行了延伸。此后，城市代谢的概念被广泛应用到城市生态环境和资源利用等的研究中。1990年代，城市新陈代谢的概念得到了进一步的发展与衍生，并被广泛用于预测城市尺度的社会经济代谢，此时的城市资源代谢概念并不局限于城市物理结构和生境的直接变换，水代谢循环也被纳入城市新陈代谢的内涵中，并获得广泛关注。21世纪以来，对城市水代谢循环的研究更加系统化，国内也逐渐开展了相关的模型研究，部分学者通过系统动力学、生态网络分析等经典模型的建构，展开了对上海、北京、广州、天津等地区的城市水代谢循环模式和经济环境效益的系统研究（邵田，2008）。刘勇（2010）在对代谢率较低的城市的研究中发现，代谢率较低的城市在空间形态上有较低的集中度和空间开放率，同时，城市空间破碎程度较高，因此提高城市代谢率有利于城市获得较好的生态效应，能够促进城市的经济、环境、生态和社会的发展（表2-1）。

资源代谢分析研究发展历程   表2-1

时间	人物或机构	研究内容	研究意义
1935	Tensley	提出生态系统的概念	为从产业生态系统的角度研究资源流的规律奠定了理论基础
1989	Frosch、Gallopoulos	提出产业生态系统的概念	
1965	Wolman	率先开展了城市代谢方面的研究	揭示了城市物质代谢引发的环境问题
1970年代	Newcombe	分别研究了香港及布鲁塞尔的物质代谢	分析了城市发展的物质消耗对资源和环境的影响
1970年代	Duvigneaud		
1989	Ayres	提出产业代谢的分析	目的是通过物质减量化和物质循环协调经济发展和资源环境保护的关系
1991	Baccini、Brunner	提出了物质流和元素流的分析框架	
1990年代	Wuppertal研究所	提出了物质流账户体系（MFA）	提供了定量测度经济系统运行中物质使用量的基本工具
2001	欧盟	制定了一个分析国家经济系统物质流的方法指南	—

随着代谢理论研究范围的不断扩展，水代谢循环也被纳入了研究范围并逐渐扩展到乡村领域。石峰（2013）针对我国乡村的农业污染和生活污水中氮、磷等污染物的大量排放，通过对日本北海道中札内村循环经济系统内磷元素的代谢分析，提出我国的新农村建设有必要考虑农村生活—种植业—畜牧业一体化循环经济模式，提高农村生活废弃物的再资源化量，以减少对系统外环境的污染；邵益生（2014）通过对城市水资源开发与保护的研究，提出了城市水系统的框架，并对其内涵、要素、结构、功能和特征以及控制的依据、途径、类型和战略等进行探讨，提出了加强城市水系统规划的建议；S.A. Jones（2009）从发展中国家农村地区的角度来考虑水基础设施发展的整体性，提出了一种以生命周期为分析角度，基于结果导向的评估方法，从技术、环境和经济三个方面来检测三类基础设施的可持续性，并以孟加拉国的相关案例进行详细介绍（图2-1）。

2.1.2　可持续水资源利用相关理论

随着全球城市化的推进，城市水污染问题愈发严重，各国在不同程度上都面临着水资源危机，由水引发的国家、地区间的争端越来越普遍。这促使国际水资源学术界积极展开对可持续发展下的水资源利用的研究，并逐渐形成了"可持续水资源管理"的概念。1996年，联合国教科文组织正式提出了"可持续水资源管理"的概念：支撑从现在到未来的社会及其福利，而不破坏他们赖以生存的水文循环以及生态系统的完整性的水的管理与使用（张作棋，2011）。该概念被广泛运用到各个领域之中，推动了各国学者对于对水资源循环利用的研究。

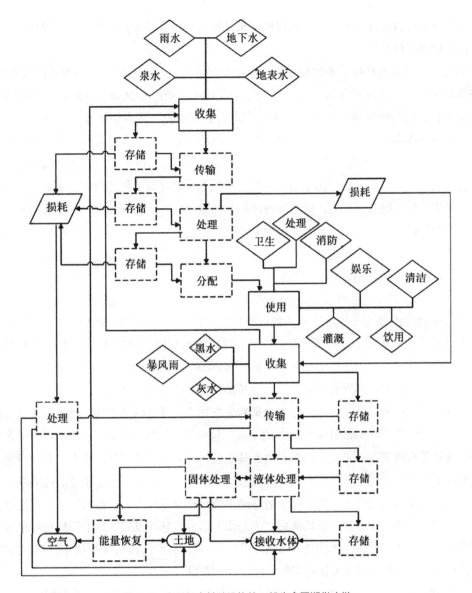

图2-1　水和卫生基础设施的一般生命周期供应链

图片来源：根据 JONES S A，SILVA C. A practical method to evaluate the sustainability of rural water and sanitation infrastructure systems in developing countries[J]. Desalination，2010（252）：83-92.

　　对于乡村水资源可持续利用，国外的研究主要集中在两个方面：一是乡村景观水资源生态化设计；二是乡村生活污水处理技术与方法的研究。景观水资源生态化设计方面，Michael Hough 通过对加拿大多伦多唐河以及英国泰晤士河河谷水系净化循环体系的研究发现，土壤系统净化功能以及水生植物的过滤功能对于净化水源具有良好功效（王梦颖，2019）；Pete Melby（2002）在其著作《可持续性景观设计技术》一书中提出可再生设计技术基于可持续性和再生的原则，提倡可持续性景观的水处理设计，如利用雨水收集、生活污水再利用等方式，以及人造湿地系统等水景生态技术营造生态可持续景观。乡村生活污水处理技术与方法的研究方面，国外对污水处理技术的研究成果较为丰富，且在村镇中已进行了大量的实践，美国的化粪池分散处理技术、韩国的湿地污水处理系统以及日本的污水净化槽等技术已经在世界范围取得了较好的效果。

国内对于城乡水环境的整体研究较多，但对于乡村可持续水资源利用理论的研究较少。李俊奇等（2006）通过对我国乡村建设发展中形成的"新型小城镇"排水系统中现存问题的研究分析，结合国外城市可持续水资源利用的成功经验，从多层面提出了适合该类城镇的新型排水体制的思路，为我国乡村排水系统的优化设计和科学决策提供了依据；丁金华（2011）以乡村水域的生态功能为切入点，分析了当前乡村水域环境所面临的问题以及乡村水域空间规划方面的不足，提出了对于乡村水域生态环境建设的规划设想，通过对苏南水网格局景观生态特征的分析研究，结合苏南水网乡村现存生态环境问题，提出了相应的乡村景观基础设施韧性规划策略（丁金华，2019）。

2.1.3　生态基础设施理论

生态基础设施理论又称为绿色基础设施理论，作为一个新兴的规划理论，起源于1999年的美国，该理论突出土地利用过程中自然环境的影响作用，提倡将生态保护与城市发展、基础设施建设等一系列理念融为一体，从而打破传统生态保护的限制，以满足城市社会、经济、生态等方面的可持续发展。目前，生态基础设施有广义和狭义之分。广义上来看，生态基础设施指的是从常规基础设施中分离出来的生态化绿色环境网络设施，是城市及其居民能持续地获得自然服务（Natural Service）的基础，包含了绿色网络中心、连接廊道、绿色通道和小型场地等构成要素；狭义上来看，生态基础设施则是指"生态化"的人工基础设施，即通过对人工基础设施进行生态化的设计和改造，来维护自然过程和促进生态功能的恢复，并将此类人工基础设施也称为"生态化"的基础设施。而水系统中的"涉水"基础设施则主要取生态基础设施的狭义概念，指具体的"生态化"的人工基础设施。目前国外对绿色水基础设施理论的研究多集中在具体的技术方法以及后期运行反馈等方面，国内的研究则更多集中在对其相关理念的探索以及对现有实践经验的总结方面。

国外对于生态水基础设施在乡村空间层面的理论研究相对较少，主要有两个方面的原因。一方面，由于历史、文化与经济发展模式等方面的原因，国外乡村发展多参考城市发展模式，使得外国学者在研究城乡问题时多放在一个整体框架下进行，而不会将城、乡单独划分开研究，有关绿色水基础设施在乡村空间层面的理论研究成果多包含在城乡整体规划研究之中。另一方面，与国内乡村发展建设相比，国外乡村发展建设时间长，在水污染处理方面经验丰富，目前已有大量实践，例如日本的"小规模分散式农村污水处理系统"，韩国的"湿地污水处理系统"等（雷连芳，2018）。绿色水基础设施在乡村层面的应用主要体现在构建乡村生态系统循环方面，利用自然生态系统的自我分解能力，辅以适当的现代科技，使得乡村生产生活中排放的污水能够被动植物和微生物吸收、分解、转化，以达到净化污水的目的（表2-2）。

国外绿色基础设施简介　　　　　　　　　　　　　　　　　　　　表2-2

国家	技术	处理设施简介
日本	农村生活污水处理	小型设备分离污水。污水中分离出来的污泥经脱水、浓缩和改良，运至农田做肥料，净化后的污水用于浇灌
韩国	湿地污水处理系统	以湿地作为净化污水的主要措施，通过生物的自然进化，实现对乡村污水的处理
美国	"空间互补"设施理念	在规划区域范围内，利用与街道等结合的绿色基础设施，实现雨水的渗透、蒸发和再利用

表格来源：作者自绘。

　　国内对乡村绿色基础设施的研究也已展开并取得了丰富的研究成果。陈力等（2018）针对我国乡村城市化发展过程中出现的严重生态问题，从自然基质、人工基质、绿色设施和灰色设施四个角度提出绿色生态化策略，以期构建完善的乡村绿色基础设施系统，以解决当前乡村生态环境保护面临的困境；丁金华等（2016）分析了现阶段在水网乡村绿色基础设施方面所面临的主要困境，提出了绿色基础设施规划的基本原则和技术方法，并以苏州市黎里镇西片区的水网乡村为实际案例，提出了水网乡村绿色基础设施的规划途径，形成了系统性的网络状绿色基础设施结构体系。

　　实践方面，德国对于远离城市的乡村推行生态化分散式处理模式，通过单户独设或多户联合的模式建设小型生态化处理设施，从而实现小范围内的污水收集与循环利用。该模式能够有效降低集中化处理所需管网铺设的成本，减少乡村经济投入。德国在乡村分散式处理的规划中，充分利用水基础设施空间，将景观引入到规划的小型生态化处理设施中，在实现小范围内污水处理的同时，也起到了保护乡村景观环境的作用（图2-2）。

　　渭柳湿地公园改造是水基础设施与乡野河滩空间结合的一次尝试，面对城市化不断扩展导致的渭河城乡交错区的水环境不断恶化、河道的自然生境系统严重退化等现状，设计师将空间改造的重点放在水生态系统的恢复与污水净化两个方面。一方面，通过对现有条件下水系空间的梳理，打通各个水系空间并结合景观布置，在恢复场地的雨洪调蓄功能的同时又兼顾了生态修复和保护功能。另一方面，结合场地现有水塘空间，构建人工湿地系统，在城市

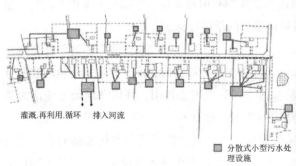

灌溉.再利用.循环　排入河流

■ 分散式小型污水处理设施

（a）分散式污水处理村庄实例

（b）分散式生态污水处理技术

图2-2　德国乡村分散式污水处理示意图

图片来源：吴唯佳，唐婧娴. 应对人口减少地区的乡村基础设施建设策略——德国乡村污水治理经验 [J]. 国际城市规划，2016：135-142.

图 2-3 渭柳湿地公园公共空间

图片来源: https://www.gooood.cn/weiliu-wetland-park-china-by-yifang-ecoscape.htm.

与渭河间构建起一条湿地净化缓冲带，从而实现对城市排入污水的净化处理，保护了渭河水生态环境。净化后的再生水可用于公园绿化及周边农业灌溉、休闲亲水体验以及回补河滩生态湿地等功能（图 2-3）。

2.1.4 "海绵系统"理论

2003 年，俞孔坚、李迪华在其著作《城市景观之路：与市长们交流》之中第一次提出"海绵"这一概念，用来比喻自然系统调节洪涝的能力。2011 年，董淑秋、韩志刚首次提出基于"生态排水＋管网排水"的"生态海绵城市"规划概念。次年 4 月，"2012 低碳城市与区域发展科技论坛"上首次提出"海绵城市"的概念，并逐步运用到城市规划设计实践中。

"海绵"是一个概念性的比喻，而并非具体空间尺度，其核心内容是生态雨洪管理，从而突出了"海绵"的功能性作用。不同于传统的城市灰色基础设施，"海绵"除了解决城市排水问题以外，对于维护城市水生态基础设施也有着重要的作用。通过自然途径与人工措施相结合的方式，"海绵系统"可在保证城市正常排水的前提下，最大限度地实现雨水在城市区域的收集、渗透和净化，在提高城市对雨水资源的利用和实现水生态环境保护的同时，缓解城市水资源短缺问题，推动城市实现可持续发展的最终目标。

随着"海绵"理念在我国城市规划试点建设实践中的不断推进，"海绵系统"理念逐渐完善并逐步运用于乡村规划之中。许珊珊等（2019）通过对当前我国乡村雨水环境问题的分析，提出加强乡村雨水资源利用对于推动乡村发展有着重要作用，并以海绵城市理论为基础，提出了乡村雨水景观的设计策略；冯艳等（2016）通过对"海绵城市"理论系统的研究，从水资源保护、低影响技术以及水生态基础设施三个方面分析了现有乡村面临的水环境问题，并在该研究的基础上提出建立跨区域、多尺度的乡村水生态基础设施；周艳等（2017）通过研究指出，缺乏雨洪管理方面的系统性构建是乡村频繁出现水环境问题的关键，结合"海绵"理论的研究与具体乡村规划的实践，提出应创建系统性的乡村水系空间网络。

实践层面，我国积极展开"海绵"乡村的实践应用，在实现乡村雨洪调控与雨水利用的同时，推动美丽乡村和生态乡村的建设与发展。在广州市莲麻村规划设计中，因地制宜地将人工湿地与乡村公共空间相结合，既解决了村委会前广场南侧低洼易积水的问题，又能够对乡村雨水资源进行调蓄管理，从而改善乡村公共空间环境。同时，在设计中引入竹亭、座椅等休闲设施，打破了乡村空间功能单一的局面，增加了村民的休憩娱乐空间，使得该空间成为一个集生态示范、环境教育、雨洪管理、游憩休闲为一体的乡村中心公共空间（图 2-4）。

四川德阳市高槐村改造注重村庄自身水生态系统的保护，通过梳理汇水路径，利用重力做功，通过沟、塘、泊等自然方式实现乡村防洪、蓄集以及净化水系的目的，在乡村水系的改造中结合竖向设计搭建多级台地，形成特有的"水泊沟回"乡村生态景观水系（图 2-5）。

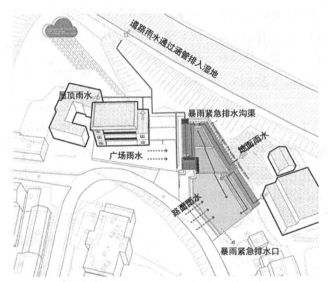
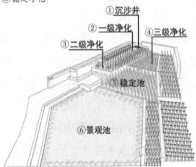

① 初沉池沉淀污水中的泥沙和大颗粒物
② 潜流湿地中通过厌氧反应去除水中氮磷元素，去除部分有机污染物
③ 通过好氧反应去除污水中的有机污染物，并沉淀不易吸收的大颗粒有机物
④ 有效吸附重金属污染物，形成稳定的水生态系统
⑤ 综合净化，稳定水体，增加透明度
⑥ 稳定净化

图 2-4　广州莲麻村公共空间雨水花园设计

图片来源：傅英斌. 聚水而乐：基于生态示范的乡村公共空间修复——广州莲麻村生态雨水花园设计 [J]. 建筑学报，2016：101-103.

图 2-5　高槐村水系改造图

图片来源：http://www.landscape.cn/planning/10515.html.

2.2 乡村传统水代谢循环

水对于人类聚居空间营造的重要性自古已成为共识，传统乡村水系统不仅是维系乡村生产生活的必需，同时也是乡村空间的重要组成部分。在早期乡村劳动力低下阶段，传统用水方式能够凭借朴素的生态智慧，维持乡村内部生态循环，创造出良好的景观环境。但传统用水智慧无法满足当前我国乡村生活以及生产力的提升所带来的资源需求和污废的排放，因此，我国乡村发展中急需引入现代"涉水"技术，重新塑造乡村内部水循环，从而焕发村落水景观活力。

2.2.1 传统乡村用水智慧

水是传统乡村在择址时必须考虑的重要因素，许多传统乡村在用水上存在困难，为了更好地利用水资源，创造出了一系列的用水智慧，体现了人类改造自然并与自然和谐共处的方法和能力，对当前乡村水系统的规划设计也具有很重要的借鉴意义。下文从中挑选出 6 个具有典型性的传统村落，从资源循环利用的角度，分供给、收集、处理和传输四个方面，分析它们的用水智慧以及内在的水系统构成特征（表 2-3 ～ 表 2-9）。

岜扒村位于贵州省黔东南自治州，地势起伏较大，属于山地型村落，气候湿润，夏热冬冷，年降水量 1221.0mm，平均气温 16℃。该村根据使用功能划分村内的各处水源，利用自然高差进行引流，再通过水渠、堰塘等设施将村内水系统连接成为一个有机的整体（吴丹，2017）。污水先通过稻田再排入河流，不仅可以用作稻田生长的天然肥料，经过稻田的过滤后还使水质得到了净化，促进了村落的可持续发展（表 2-3）。

宏村位于安徽省黄山市黟县，地势稍有倾斜，位于丘陵地带，气候湿润，夏热冬冷，年降水量 1783.7mm，平均气温 15.8℃。该村从西溪引水入村，经水圳进入月沼，流速减缓，与雷岗山的地下泉水汇合，然后汇入南湖。水圳中的水流满足了村民生活用水的基本需求。生活污水排入南湖有助于鱼和莲藕的生长，同时，由于莲藕可以吸附污泥，鱼虾可以吃掉水中的浮游微生物，水质得到了净化，之后水由南湖经涵洞流出，还可以灌溉农田，形成了一个人、鱼、藕、田共生的生态循环系统（陈旭东，2010）（表 2-4）。

于家村位于河北省石家庄市，地势起伏较大，属于山地型村落，地处半湿润寒冷气候区，年降水量 578.5mm，平均气温 13.1℃。该村在水系统构成方面最大的特点是注重排与蓄的结合，将蓄水设施分布于各个汇水处，实现了自然的排与蓄。这些蓄水设施实现了对雨水的分区收集，单个体量虽小，但总体容积很大，是分散式雨洪管理的典型案例（赵宏宇，2018）。村内生活污水直接排入沟渠或田地，雨水主要是沿着明沟和街道排放（表 2-5）。

朱家峪村位于山东省济南市章丘区，地势南高北低，属于山地型村落，地处半湿润夏热冬冷气候区，年降水量 600.8mm，平均气温 12.8℃。朱家峪村居民的生活用水来自村内的井水和泉水，道路系统把整个村庄划分为大小不一的排水分区，每个分区自成体系，生活污水和雨水通过明暗沟渠和道路排向河道，汇入文昌湖，再流入村外的农田（张建华，2014）。降水量的季节性差异明显，村中的河道在雨季水量较充盈，需要通过桥梁来保证汛期村内的交通联系，旱季则基本干涸（表 2-6）。

岜扒村水系统构成　表2-3

村落	位置	地形	地势	平均气温	年降水量	气候特征	户数	人口	主要产业
岜扒村	贵州省黔东南自治州从江县高增乡	山地	地势起伏较大	16℃	1221.0mm	湿润，夏热冬冷	321	1248	农业、旅游

供给

采用分质供水的方式：泉井提供食饮用水，高位蓄水池提供洗涤和冲厕用水

利用分散布置的蓄水池和堰塘收集雨水、堰塘还具有收集生活污水的作用

传输

以水渠进行生活污水的传输，利用地形高差层层流动，经过自然植物与卵石的过滤再排向河道

生活污水通过水渠、堰塘和梯田，经由卵石和动植物的层层净化后，排回溪河，这些设施同时还具有景观功能

系统说明：根据使用功能观分析村内的各处水源，利用自然高差进行引流，再通过水渠、堰塘等设施将村内水系连接成为一个有机的整体。污水先通过稻田再排入河流，仅可以用作稻田生长的天然肥料，经过稻田的过滤后还使水质得到了净化，促进了村落的可持续发展

水井

水井中的水是雨水渗透净化的地下水资源，水资源丰厚，水井与山泉相连通，村民通过软管将水井中的水引入户内

沟渠的底部是卵石铺就而成，缝隙则用泥砂和植物填塞。在利用地形高差实现雨水和生活污水排放的同时，具备了过滤的功能

蓄水池的外围有两种分布方式；出于防火考虑，部分蓄水池散布于建筑密集之处，高位蓄水池则用于提供部分生活用水，利用软管进行输送

堰塘

堰塘中的水不仅可用来养鱼，还有排洪和调节气候的作用。堰塘还利用鱼、鸭和水生植物来处理村里的雨水和生活污水

溪河是村落中最重要的水源，取水口位于上游，为整个村寨的农田提供灌溉用水，同时也是排水的渠道，经过净化的水在下游进行排放

位于村寨的外围下游，是生活区与河流之间的过渡，除了具有生产功能之外，还涉及对上游进行过滤净化的作用

表 2-4

宏村水系统构成

村落	位置	地形	地势	气候特征	年降水量	平均气温	户数	人口	主要产业
宏村	安徽省黄山市黟县碧阳镇	丘陵	向南倾斜，南北落差3.96m	湿润，夏热冬冷	1783.7mm	15.8℃	382	1850	农业、旅游

供给：居民生活用水主要来自西溪和西北雷岗山的径流，通过水圳供到各户

```
雷岗山径流
   │
 住户 ── 水圳
   │
 西溪
```

传输：村落的水系通过水圳联系起来，生活用水、生活污水通过水圳进行传输

```
雷岗山径流
   │
 住户 ── 污水 ── 水圳
   │
 西溪
```

收集：村落中的雨水和生活污水通过月沼和南湖进行收集，起到减缓缓流速的过渡作用

```
住户 ── 地下泉水
   │
 水圳 ── 月沼 ── 南湖
```

处理：污水经过月沼时进行初步沉淀，之后再进入南湖，通过水生动植物进行净化处理

```
住户 ── 南湖
   │
 污水 ── 水圳 ── 月沼
```

系统说明：从西溪引水入村，经水圳进入南湖。然后汇入西溪之水闭。生活污水排入南湖，同时，由于莲藕可以吸附污泥，鱼虾可以吃掉水中的浮游生物，水质得到了净化，之后水由南湖经涵洞流出，还可以灌溉农田，形成了一个人、藕、鱼、水圳，田共生的生态循环系统

西溪：从西溪引入水入村，经水圳汇合。山的地下泉水主要来自山的径流。洪水时开启，平时关闭，可调节和控制水圳的水量和水位

西溪之水通过村落西北角修建的碣坝，引人村中，为整个村落提供水源。

碣坝：在村落西北角修建碣坝，引西溪之水入村。洪水时关闭，可阻挡洪水对水圳的威胁。平时开启，可调节和控制水圳的水量和水位

鱼塘是村民为方便目常生活所需，引入家中，亦是为了增供

鱼塘：鱼塘是村民为方便日常生活所需，引入家中，亦是为了增添住宅院的趣味性，称宅院的趣味性

月沼：当雨水和生活污水经过月沼时，水速降低，污染物得到初步沉淀，起到调蓄雨水的作用

水圳：水圳自村西河引水入村，流经每户，供日常生活使用，也是村中主要的排水通道

南湖：南湖收集全村的雨污水，经水生生物净化后用于农田灌溉，也解决了干旱涝灾害问题

表2-5

于家村水系统构成

村落	于家村	地形	山地	气候特征	半湿润寒冷	年降水量	578.5mm	平均气温	13.1℃	户数	400	人口	1600	主要产业	农业、旅游
位置	河北省石家庄市			地势	地势起伏较大										

供给：采用集中式供水，水源来自地下井水，村民将饮用水储存在自家水窖中

供给流程：雨水 → 院落／街道／河道 → 院落水窖；深井 → 院落水窖 → 生活用水

传输：利用沟渠，通过"院落—横向街道—纵向街道—河道"这一分级的道路行洪系统，进行雨水传输

传输流程：雨水 → 院落 → 街道 → 河道

收集：院内水窖、横纵街道水窖、河道水窖分别收集院落、街道、河道的雨水，构成了分散式的雨水收集系统

收集流程：雨水 → 院落 → 院落水窖；街道 → 街道水窖；河道 → 河道水窖

处理：分散式收集、集中式处理的水管理系统，水可以用于小型田地的灌溉

处理流程：生活用水／街道水窖／河道水窖 → 田地

系统说明：注重排与蓄的结合，将雨水设施分布于各个汇水处，实现了自然的排与蓄。这些蓄水设施容积虽小，但总体积很大，是分散式雨水管理的典型案例。村内生活污水主要是顺着明沟和街道排放。

深井

由于村内地下水位极低，水质好。原先该井内饮用的水提供给村民的日常生活用水和灌溉用水，但由于水资源宝贵，现在这口井主要为村民提供日常生活用水，不再提供灌溉用水。

流程：深井 → 生活用水 → 田地；雨水 → 院落水窖／街道水窖／河道水窖

明沟

没有专门的污水管道，但核心保护区部分地方有明沟，用来排放污水，明沟附近的雨污水可以直接汇入明沟进行排放。

水管

水管位于村内汇水处，在雨季用于收集雨水和调节径流，在冬季还是储雪和融雪的容器，是很好的调蓄水体，在旱季则可以取水作为生活用水。

暗沟

暗沟与明沟作用基本一致，用于排放污水，那样像明沟那样直接汇入，水口汇入。暗沟附近的雨污水需要通过埋设暗渠将汇水位置的汇入口汇入。

表2-6

朱家峪村水系统构成

村落	位置	地形	地势	气候特征	年降水量	平均气温	户数	人口	主要产业
朱家峪村	山东省济南市章丘区	山地	南高北低	半湿润，夏热冬冷	600.8mm	12.8℃	504	1850	农业、旅游

供给

水井 → 住户
泉水 → 住户

居民的生活用水主要来自井水和泉水，利用沟渠进行输送

传输

泉水、雨水 → 沟渠、道路 → 河道 → 文昌湖
住户 → 沟渠 → 河道；农田

村落中的雨水通过沟渠、道路和河道进行输送，生活污水则主要通过沟渠传输

泉水、雨水 → 沟渠、道路（收集）→ 河道 → 文昌湖
住户 → 沟渠（处理）→ 河道；农田

系统说明： 居民生活用水分区，道路系统把整个村庄划分为不同的排水分区，每个分区把生活污水通过暗渠和道路同时排向河道，汇入文昌湖，再流入村外的农田。村中的河道在雨季时水量较盈，旱季则基本完全干涸

泉水井

村中多处分布有泉池和水井，由青石砌成。泉流水量的季节性差异明显，而泉水常年不干涸，因此朱家峪的饮用水和灌溉用水主要依靠泉眼和水井，大部分露天设置。村民共同使用，家中没有水井的都要到公共泉去挑水，取水距离精远

泉溪用于汇集从泉眼益出的泉水，便于村民使用，同时还具有很好的景观效果

村落各处的泉水汇入泉溪，再铺道路缓缓流入全村；汛期的山洪则通过道路和沟渠汇入河道

沟渠

村内沟渠分为明渠和暗渠。由于明渠暴露干旱，易被污染，所以普通村落的明渠多用于排水，一般不为生活用水。而在泉水溪落中的明渠，因泉水的流动力及地势高差而有了稳定流速，所以具备了自净能力。有些暗沟从建筑中穿过，是居民排放生活废水和汛期排水的通道

河道

河道主要用作泄洪通道，位于山区的乡村多选址于地势较低洼之处，周边山地的雨水在汛期易汇集成山洪，因此，山区的乡村均需设置泄洪通道，雨季时，用于快速汇集和排出雨水和山洪

坛桥七折

坛桥七折位于南面山上雨洪的直接冲刷之处，通过人工处理使河道得以变得坡度大，转折处的河道变大，以大降低洪水流速，避免对下游建筑产生危害。附近还置景凳，成了村内重要的公共空间

钧源古村位于江西省吉安市吉州区，地势较为平坦，属于平原型村落，气候湿润，夏热冬冷，年降水量1409mm，平均气温17.1～18.6℃。该村内部的池塘用水来自北山涵养的山水，经水渠引入村内，由东至西层层跌落汇入村内的七星池塘，再向南经村落南部的自然水塘、人工小溪排至堰塘，最终流入固江，构成了一个完整而流畅的排水系统（王忙忙，2016）。村内的生活污水经沟渠汇入七星池塘内，通过水生动植物和微生物进行净化处理，还可开闸放水，使水保持流动洁净（表2-7）。

柏社村位于陕西省咸阳市三原县，周围地势北高南低，属于黄土台塬地形，村落内部较为平坦。位于半干旱区，冬季寒冷干燥，夏季炎热多雨，年降水量517.7mm，平均气温20.8℃。该村有许多保存较为完好的地坑院，由于村内地势平坦，避免了受到雨水的汇聚冲击，但是过于平坦的地势也导致了雨水难以排出。地坑院内要进行找坡处理，在最低点设计渗井，便于将院内的雨水导入渗井，防止院内出现积水，影响居住的便利和安全。生活污水也排入渗井中，经过过滤处理后用于牲畜饮水和浇灌蔬菜花草（黄瑜潇，2017）。生活用水主要来自院内的水井，同时在院内设置水窖，收集干净的雨水，作为生活用水的补充（表2-8）。

通过对6个典型传统村落的用水智慧和水系统构成特征进行分析后，可以看出它们在水系统设计理念和各个环节上都具有很多相似之处。在水系统设计理念上，都运用了可持续的理念，从供给到处理形成了一个近似闭路循环的过程，维持了水资源和其他资源的循环流动。在供给方面，丰水地区的乡村多以井水和泉水作为生活用水，雨水和湖（河）水用作生活用水的补充；在缺水地区的乡村，除了井水之外，雨水也成了生活用水的重要来源。在收集方面，丰水地区的乡村利用村内的大小池塘来进行雨水的收集；缺水地区的乡村设置水窖来进行雨水的收集，以便可以长久、洁净的保存，满足旱季时的用水需求。在处理方面，丰水地区的乡村形成了"住户—沟渠—池塘（湖泊）—河流—农田"这一清晰的多层次污水处理过程，同时也是污水中资源的流动路径，这些资源作为农作物生长所需养分，最终又成为粮食被我们人类所吸收，形成了资源的循环流动；在缺水地区的乡村，如柏社村，用水的不足导致产生的污水量也较少，处理过程较为简单，一般经过渗井简单的过滤处理后，再供牲畜饮水或浇灌使用。在传输方面，丰水地区的乡村，利用沟渠和道路进行雨水的排放，污水则主要利用沟渠来进行排放。缺水地区的乡村，雨水通过道路进行排放，污水大多就地处理，没有明显的传输路径（表2-10）。

特别强调的是，这里的丰水和缺水地区的乡村只是一个相对的划分，在不同的环节，乡村的归类会有所区别。比如在收集方面，于家村和柏社村都属于缺水地区的乡村；而在传输方面，于家村则要归类到丰水地区。原因是：于家村位于半湿润地区，属于季节性缺水的情况，兼具丰水地区和缺水地区的特征。

上述均是过去小农经济时期的乡村水系统构成方式，使得乡村形成了"资源—产品—废物—新资源"的物质闭路循环代谢模式。随着用水需求和污水排放的增加，如今这种方式虽然已经不能完全满足乡村的需求了，但是对构建新的乡村水系统仍然具有很好的借鉴意义。

表2-7

钓源古村水系统构成

村落	地形	地势	气候特征	年降水量	平均气温	户数	人口	主要产业
钓源古村	平原	较为平坦	湿润，夏热冬冷	1409mm	17.1~18.6℃	150	900	农业、旅游
位置	江西省吉安市吉州区兴桥镇							

供给

水井 → 住户
水库 → 七星池塘

井水提供饮用水，村东头的溪水为全村提供生活用水，利用输水管引入池塘

收集

住户 → 雨污（水渠）→ 七星池塘
水库 → 七星池塘

生活污水和雨水最终都汇入村中央的七星池塘，是全村污水排水系统的总枢纽

处理

住户 → 雨污（水渠）→ 七星池塘

通过明沟和暗沟将雨水和生活污水排入七星池塘，卵石或青石板地面也能很好地渗透雨水

生活污水汇入七星池塘，通过水生动植物进行净化处理，还可开闸放水，使水保持流动、洁净

传输

水井 → 住户 → 雨污（水渠/净化）→ 七星池塘 ← 水塘溪流 ← 固江
水库

系统说明：村落内部的池塘用水是由北山山涵养的山水，经水渠引入村内，再向南经村落南部的自然水塘，人工小溪排至堰塘，最终流入固江，构成了一个完整而流畅的排水系统。村内的生活污水经沟渠汇入七星池塘，通过水生动植物进行层层净化处理，还可开闸放水，进行放养

明沟、暗沟

池塘侧壁上有排水孔和排水沟，因此可根据不同的气候来调节池塘的水位。相邻池塘之间的闸门交错分布，从而减缓水在池塘之间的流速，以保证村民门水口与两侧逆道路的沟渠相连通，将家弃污水排泄到池塘内

排水沟主要位于道路的两侧或两侧青石板下面，雨水和生活污水都通过明沟或暗沟汇入池塘。明沟的挖掘深度较小，暗渠道暴露于室外，水源易受到污染，不宜为生活所用。暗沟引水可保持水质洁净，避免污染，排污水主要是为了防止气味扩散，保持街道整洁

排水口、沟

七星池塘

七星池塘作为全村排水集污的总枢纽，其整体上东高西低，形式上呈阶梯状分布，各个池塘之间既可以利用涵洞相通，形成流动的活水，又可破坏各个池塘的独立，由此可保持各个池塘排泄到池塘的水量和水质

元宝形水槽

古人对雨水资源的收集与利用是多方面的，为了防止雨水从屋顶采光口落入室内，在采光口下方设置雨水槽，然后贯穿门两侧的元宝形水槽，将水汇入门外侧的沟中，然后穿过门两侧的沟中，通过门两侧的元宝形水槽将雨水排到外面的地面或排出雨水沟

柏社村水系统构成

表2-8

村落	位置	地形	地势	气候特征	年降水量	平均气温	户数	人口	主要产业
柏社村	陕西省咸阳市三原县新兴镇	黄土台塬地形 海拔70~90m	周围地势北高南低 村落内部平坦	半干旱，冬季寒冷干燥，夏季炎热多雨	517.7mm	20.8℃	808	3756	农业、旅游

供给

水井 → 住户
雨水 → 水窖

生活用水主要来源于水井和水窖收集的雨水

传输

住户 → 水窖、渗井、游池
雨水 → 渗井

生活污水可以通过引流过道路和院落落进入渗井、水窖和游池

收集

通过渗井、水窖等收集雨季的雨水，以供旱季缺水时补充生活用水

处理

生活污水先排入渗井中进行过滤处理

系统说明：由于村内地势平坦，避免了受到雨水的汇聚冲击，地坑院内也导致了雨水难以排出。地坑院内要进行收坡处理，在最低点设计渗井，便于将院内的雨水导入渗井，防止院内出现积水，影响居住的便利和安全；生活污水也排入渗井中，经过过滤处理后用于牲畜饮水和浇灌蔬菜浇花草，生活用水主要来自院内的水井，同时在院内设置水窖，收集干净的雨水，作为生活用水的补充

在地坑雨水利用中，通常在院内最低处设置渗井，收集庭院内的生活污水。而下雨之时，院子内部多余的雨水也可以沿着渗井的进水眼流入渗井，在实现蓄集院子里雨水的同时，也可防止雨水过大造成的庭院积水

院落内部的水井通常处于院落的一侧，用来满足家庭日常生活用水源加。水井形式多样，有些用专门的拱圈予以防护，有些则会设置有石碾，防止井水受到污染

游池是在村庄里人工开挖的一种池塘，用以拦截、集蓄从四周汇聚而来的雨水。一般建在村内地势较低的地方，用来防洪蓄水、游池的周边会被树木围绕，是村内的景观节点

水窖在柏社村主要有两方面作用：一方面，水窖可以在雨天收集雨水作为除食物外的日常生活用水；另一方面，水窖还可以防止雨季院内雨水的倒灌，形成院内的积水

渗水井

水井

传统乡村水系统构成总结

表2-9

	供给	收集	传输	处理
呈坎村	地下水、山泉、雨水 → 水井(食饮)；蓄水池(收集)(洗漱、冲厕) → 住户 → 水圳	住户(洗涤冲厕) → 蓄水池(收集) → 污水(水渠) → 堰塘(收集) → 溪河；雨水 → 南湖	住户 → 污水(水渠) → 堰塘；灌溉(水渠) → 溪渠；月沼 → 梯田	住户 → 污水 → 水渠净化 → 堰塘(收集/净化)；溪河 → 净化 → 梯田
宏村	雷岗山径流、西溪 → 水圳 → 住户	住户、地下泉水、雨水 → 水圳 → 月沼 → 南湖	雷岗山径流、西溪 → 住户 → 污水(水渠) → 水圳 → 梯田；月沼	生活用水 → 住户 → 污水 → 水圳 → 南湖、水圳、月沼、田地
于家村	院落水窖、深井 → 生活用水 → 住户	院落、街道、河道 → 院落水窖、街道水窖、河道水窖；雨水	院落 → 街道 → 河道；雨水	生活用水 → 街道水窖、河道水窖 → 田地
朱家峪村	水井、泉水 → 住户	泉水、雨水 → 河道、沟渠 → 住户；沟渠、道路	泉水、雨水 → 河道、道路、沟渠 → 住户 → 沟渠；文昌湖	住户 → 沟渠 → 河道；河流 → 文昌湖；农田
钓源古村	水井、水库 → 水渠 → 住户、七星池塘	住户 → 雨污(水渠) → 七星池塘；水库 → 水渠	住户 → 雨污(水渠) → 七星池塘；水塘溪流 → 净化；水库	住户 → 雨污(水渠) → 七星池塘
柏社村	水井、雨水 → 水窖 → 住户	住户、水窖 → 渗井、雨水	渗井、水窖、住户；雨水	渗井、住户 → 牲畜、深灌
特征总结	(1)水源主要来自水井、泉水和河流 (2)河水通过沟渠传输到住户	(1)通过池塘、河流、蓄水池收集雨水 (2)通过沟渠和道路排放雨水	污水通过沟渠排放，雨水通过沟渠和道路排放，没有进行雨污分流	(1)通过沟渠、池塘和农田净化污水 (2)通过沟渠排放污水

传统乡村用水智慧特征总结 表2-10

	丰水地区	缺水地区
供给	泉水、井水供给主要生活用水，其余水源作为补充	井水、雨水都是生活用水的重要来源
收集	主要利用池塘来进行雨水收集	利用水窖在雨季收集雨水，以便旱季时作为生活用水使用
处理	形成了"住户—沟渠—池塘（湖泊）—河流—农田"这一清晰的多层次污水处理过程	住户—渗井—牲畜饮水或浇灌
传输	利用沟渠进行雨水和生活污水的排放，大雨之时，道路也具有排放雨水的作用	主要利用道路进行雨水的排放
用水理念	运用了可持续的理念，从供给到处理形成了一个近似闭路循环的过程，维持了水资源和其他资源的循环流动	

2.2.2 地域化水系统体系构成

我国幅员辽阔，各个地区具有其特定的自然条件和人文条件，因此不同地区的乡村水系统体系构成具有很大的差异。但是，总结起来，大多可以归为以下四点：一是"趋水利"，根据原有的山形地貌，因地制宜，对自然水系进行改造和利用，通过蓄水造池、凿地成井、挖掘人工湖等方式，满足村民生产、生活各方面的用水需求；二是"避水害"，通过对水系的合理疏导和两岸的改造建设，使村落免受洪涝灾害的侵袭，能够安全长久地生存；三是"造水景"，理水艺术不仅能够美化乡村的环境，还能够升华乡村的山水情怀；四是"塑水环"，通过水渠、池塘、农田等"涉水"基础设施对村落产生的污水进行净化，污水中的氮、磷等养分通过农作物再次回到村落，部分净化后的水还可以循环利用（表2-11）。

地域化水系统体系构成对比 表2-11

地域 ＼ 功能	趋水利	避水害	造水景	塑水环
水网密集区——苏南	多沿河而建，密集的水网是决定选址规划和建筑布局朝向的重要因素	常选址于高地以及避开河流弯曲处的冲积平原，圩田起着雨洪调节的作用	水系统空间与乡村空间有机结合，形成了特色的水乡景观	圩田能够利用污水中的养分，起到净化水质的作用
半湿润区——徽州	多选址于临河地带，开圳挖渠，引水入村，溪水沿水圳穿村过巷，进入每家每户	夏季暴雨集中，山洪暴发，选址和建造需要考虑防洪要求	水圳、池塘等与乡村空间紧密联系，池塘及周边常成为村内一景和公共活动空间	生活污水通过排污渠道排到净化池塘进行处理，再引入田地，用于灌溉和水产养殖
干旱区——陕北黄土高原	选址多沿水系分布，并利用建筑、院落进行雨水和雪水的收集和利用	雨季需要对建筑进行防水处理，并及时排出院落中的雨水	涝池周边多植树木，不仅起到蓄水的作用，还是村内重要的公共活动空间	利用渗井对雨污水进行过滤，处理后的水可以作为食饮外的其他生活用水
湿润区——黔东南侗寨	凡建寨必有水，侗族民居始终傍水，形成了"水—宅"相依的独特空间格局	许多临水建筑采用吊脚楼的形式，以避免雨季的洪涝灾害	溪水、水渠、水塘、古井、水田等"涉水"空间共同形成了独特的水景观	水塘承载着侗族传统的"稻鱼鸭"生产系统，利用水在村内实现了资源的循环利用

续表

功能 地域	趋水利	避水害	造水景	塑水环
海岛地区—— 舟山群岛	无过境客水，水资源全靠降水补给，首先会选择有汇水条件的山谷岙口来营建村落	山谷岙口为汇水集中处，在雨季易遭受洪涝灾害，采用修建水库和筑坝等方式来解决	—	—

1. 水网密集区——以苏南地区为例

苏南是江苏省南部地区的简称，位于长三角的广袤平原和由长江泥沙冲积而成的太湖平原，包括苏州、无锡、常州、镇江和南京五座城市，境内河道纵横，以东部太湖平原的河网最为密集，湖泊众多。传统乡村多沿河而建，密集的水网是决定苏南传统乡村选址规划和建筑布局、朝向的重要因素。从气候特征来看，苏南属于北亚热带湿润季风气候，雨量充沛，年平均降水日数为125天左右，降水量为1050~2000mm，地势平坦，常常受到水涝的影响。因此，苏南地区乡村选址极为重视防洪措施，常选址于地势较高的平台上，或河道两岸的河阶台地上；若临河而建，则要避开河流弯曲处的冲积平原，而应选择其对面的冲积扇地。

苏南水网地区乡村与水的关系可以总结为以下几点：依水而生的村落形态；水路并行的特色格局；临水而居的建筑布局。河流、池塘、水井、水渠、圩田等传统"涉水"基础设施对维持苏南水网地区乡村的生产和生活起着重要的作用。特别是圩田，不仅可以进行雨洪调节，还能够起到净化水质的作用，维系着乡村生态系统的平衡。

2. 半湿润区——以徽州为例

徽州地处安徽南部，坐落于皖南、赣东北的山区、丘陵之中，横卧于黄山脚下，毗邻江西、浙江，属于山区地带。该地区属于亚热带湿润季风气候，湖泊、河流密集，水系发达。年降雨量在1800mm左右，雨量充沛，但时间分布不均。春季降雨连绵，雨日较多；夏季高温湿热，暴雨集中，山洪暴发；秋季台风入侵频繁，雨洪时有发生，但又易出现秋旱；冬季雨量稀少。这种降雨在时间上分配不均的特点，是造成本地区水旱灾害的主要原因。由于该地区耕地土壤质地稀薄且贫瘠，导致农耕困难，这直接促使徽州人巧妙利用各种方法，充分利用水资源，发展农业。

徽州村落在水资源利用方面呈现出明显的生态性。整体来说，水体的供给系统设计成网络状，给水系统和排水系统分别设置，给水系统通往各家，排水系统汇总到污水池进行净化处理。特别指出，生活污水可以通过排污渠道进入净化池塘进行处理，再引入田地，用于灌溉和水产养殖。这样可以提高用水效率，保持水的循环利用，降低环境污染。

自古以来，徽州传统村落中的大部分为聚落利用现有的水系，实现水资源的循环利用。这是整体生态观的体现，具体措施上，开圳挖渠，引水入村，崇尚曲折，溪水沿水圳穿村过巷，进入每家每户，供村民取用之后，最终流入村中池塘或湖面，或田间地表。水体继续在土壤的渗透净化作用下蒸发升腾，再进入下一步的循环，周而复始，构成良好的生态水循环系统。

3. 干旱区——以陕北黄土高原为例

陕北黄土高原属于北方半干旱农牧交错带，生态环境脆弱，主要表现在环境敏感性强、环境退化趋势明显和自然灾害频繁 3 个方面。地貌为黄土丘陵区类型，区域内侵蚀现象严重。年降水量 200~700mm，降水年内分配极不均匀，夏秋 6~9 月雨量最多，占年降水量的 62%~75%，多数地区生产、生活用水较为紧缺。

陕北位于 400mm 等降水量线以东，是东亚季风主控的半干旱半湿润区，依靠天然降水就可以进行农作物耕种。农作物丰收与否，大多取决于季风来临的时间和雨量的时空分布，因此，这种农业生产模式被称为旱作农业或雨养农业。

由于自然生态环境的不同，形成了不同的乡村水系统体系。首先在村落的选址上，多呈沿水系、沟谷延伸的枝状分布和以丘陵为中心的环状分布，并且由河谷、盆地至山坡形成梯形布局；具体到村落内部，则可以总结为"排""防""集"三项内容。

"防"指的是夏秋雨季来临的时候，为了防止雨水对建筑物造成损害，需要采用一系列措施对建筑进行防水处理。"集"指的是收集雨水，由于黄土高原地区以黄土塬和丘陵沟壑地形为主，自然水源极其稀少，而且部分区域水质不佳，因此通过建筑、院落进行雨水和雪水的收集、利用，成为当地居民应对这一生存难题的重要方法。"排"指的是排除雨水，依赖"防"和"集"而产生。夏秋雨季时，一方面要及时排水，以防止雨水对建筑造成损害；另一方面，在建筑排出雨水后，要合理组织地表径流，来进行雨水收集，以应对干旱时节的用水需求。

在陕北黄土高原的这种特殊的用水需求下，水窖、渗井和涝池便产生了。水窖即是于地势较低的雨水汇流处，垂直向下挖一坑，用于储藏自然流进的雨水和冬季收集的雪，待日后饮用。渗井除了收集雨水之外，还承担着收集生活污水的功能，雨污水经过过滤和沉淀后，用作洗涤和牲畜饮水。涝池一般建在村落的低洼处，周边遍植高大的树木，汛期积蓄洪水、排除内涝，旱季供水浇地、牲畜解渴，也是村民夏日避暑纳凉、洗衣洗澡的欢乐之地。

4. 湿润区——以黔东南侗寨为例

黔东南自治州位于贵州省东南部，是我国侗族传统村落最为密集的地区之一。黔东南属中亚热带季风湿润气候区，年平均气温 14~18℃，年降雨量极为充沛，约为 1000~1500mm。黔东南地处云贵高原向湘桂丘陵盆地过渡地带，使得黔东南地区出现了很多山地村落。

在侗族人的传统观念中，天地有灵，人并不高于万物，把森林、水源、稻田等自然因素与人融为一体，这种崇尚自然和生命平等的理念，使得村寨中的山、水、田、林等资源能够得到很好的保护。侗族人以稻米为主食，水是稻作的根本，因此，侗族人十分重视对水体的保护。

水是侗寨的灵魂，凡建寨必有水。穿寨而过的溪水、纵横交错的水渠、星罗棋布的水塘、成片分布的水田以及零散分布的古井，使侗族民居始终傍水，形成了"水—宅"相依的独特空间格局。河流穿寨而过、建筑临水而居的形式，不仅构成了山、水、寨、林相映成趣的景色，更是滋润了寨中连绵成片的水塘，承载了侗族传统的"稻鱼鸭"生产系统，解决了侗族人吃水的生活问题以及生产、排污的问题。这种水塘汇水、水沟排水、水利灌溉、水田产物，上游共遵用水约定、下游排灌自我消纳的模式一直延续至今，形成了"古井饮用—溪流冲刷—污水顺势自然排放"的低碳节能的水循环系统，这是侗族文化和当地自然生态相适应的完美生境。

5. 海岛地区——以舟山群岛为例

舟山群岛位于浙江省东部，地处我国东南沿海的长江口南侧、杭州湾外缘的东海洋面上。舟山群岛岛礁众多，为滨海丘陵地貌，山低水短，无过境客水，水资源全靠降水补给。多年平均降雨量为1275.2mm，人均水资源拥有量为707m³，约占全国人均水资源量的35%，属水资源紧缺地区。舟山群岛属北亚热带南缘海洋性季风气候，水量时空分布不均，全年60%~70%的降水集中在6~9月，降水过程与需水过程不相匹配。同时，水资源年际变化大，容易出现连续丰水年、枯水年，水资源拦截能力有限，难以实现以丰补枯。随着经济社会发展的不断加速，水资源需求逐渐增加，尤其是在干旱年份，供水保证率更不足。

由于舟山群岛的乡村水资源普遍紧张，在长久以来的人居建设中，人们首先会选择有汇水条件的山谷岙口来营建村落。在此基础上，加以人工的开渠筑坝等水利建设。近代以来有了大规模的水库等蓄水设施的建设。因此，人居环境往往会形成一个"山体—汇水谷—水库—村庄—开阔地（平原或海面）"的人居环境链条，贯穿链条的核心因素就是水系。

2.3　现代乡村水系统空间利用现状

2.3.1　符合现代乡村发展的理水策略

1. 雨水收集

由于地表水难以满足生活水平改善后居民的用水需求，所以淡水资源日益紧张。雨水中几乎不含溶解性矿物质和重金属，可以直接补给地下水并恢复地下水位，也可作为灌溉用水，缓解无组织溢流雨水对土壤的冲刷造成的水土流失问题。对收集后的雨水进行净化处理，可改善灌溉用水的水质，实现了水的高效利用。收集的雨水为缺水季节作储备，缓解了地下水的过度开采问题。

现代农村最普遍的雨水收集办法就是屋面收集，我国北方农村住房大部分采用坡屋顶，屋顶多为瓦面，利于雨水的收集（图2-6）。平屋顶基本都建有女儿墙，这是一个有组织的排水设施，通过女儿墙的设计，将屋面雨水有组织地汇集到地面的水缸、水窖等蓄水设施中。

表2-12中以不同的屋顶面积、降雨量，汇总了屋顶的雨水收集率（S.艾哈迈德，2012）。

屋面收集雨水总量　　　　　　　表 2-12

屋顶面积 /m²	降雨 /mm							
	100	200	300	400	500	600	800	1000
	屋顶雨水收集量 /m³（按 80% 收集率计）							
20	1.6	3.2	4.8	6.4	8.0	9.6	12.8	16.0
30	2.4	4.8	7.2	9.6	12.0	14.4	19.2	24.0
40	3.2	6.4	9.6	12.8	16.0	19.2	25.6	32.0
50	4.0	8.0	12.0	16.0	20.0	24.0	32.0	40.0
60	4.8	9.6	14.4	19.2	24.0	28.8	38.4	48.0
70	5.6	11.2	16.8	22.4	28.0	33.6	44.8	56.0
80	6.4	12.8	19.2	25.6	32.0	38.4	51.2	64.0
90	7.2	14.4	21.6	28.8	36.0	43.2	57.6	72.0
100	8.0	16.0	24.0	32.0	40.0	48.0	64.0	80.0
150	12.0	24.0	36.0	48.0	60.0	72.0	96.0	120.0
200	16.0	32.0	48.0	64.0	80.0	96.0	128.0	160.0
250	20.0	40.0	60.0	80.0	100.0	120.0	160.0	200.0
300	24.0	48.0	72.0	96.0	120.0	144.0	192.0	240.0
400	32.0	64.0	96.0	128.0	160.0	192.0	256.0	288.0
500	40.0	80.0	120.0	160.0	200.0	240.0	320.0	400.0
1000	80.0	160.0	240.0	320.0	400.0	480.0	640.0	800.0
2000	160.0	320.0	480.0	640.0	800.0	960.0	1280.0	1600.0

表格来源：刘文平 . 烟台地区院落式住宅屋面雨水收集处理研究 [D]. 烟台：烟台大学，2019.

　　为了便于院内地面雨水的收集，将原来传统村落中常用的泥土地面、砖瓦面层淘汰，选择了便于收集雨水的光滑水泥地面。在院中找坡，倾斜角大于 2%，坡向院内的蓄水池，整个院落中部高、四周低，便于院中的雨水向两边蓄水设施汇集（图 2-7）。

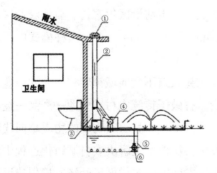

① 整流雨水斗；② 落水管；③ 弃流 - 截污一体化装置；④ 自清
洗旋流过滤装置；⑤ 蓄水池；⑥ 潜水泵

图 2-6　屋面雨水收集过程

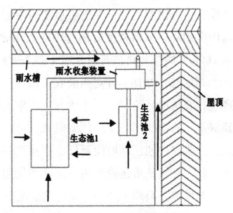

图 2-7　院内雨水收集平面图

图片来源：刘文平 . 烟台地区院落式住宅屋面雨水收集处理研究 [D]. 烟台：烟台大学，2019.

2. 雨洪调蓄

雨洪调蓄，最早出现在美国的生态景观研究中。1980年，美国建立"就地滞洪蓄水"系统，意为就地滞洪蓄水。美国的生态雨洪调蓄系统从雨水排放，到雨水控制，再经过雨水利用等阶段，逐步建造了雨洪防治综合管理系统，与雨水径流管控相结合。

雨季易造成乡村水土流失，雨量充沛时，含有大量沉积物的雨水从山上流淌下来，流入农田，造成了土地污染，降低了土地质量，导致山地生态系统脆弱，很容易被摧毁。7~8月的时候，经常形成山洪。雨季时，雨水量大，雨水储存难度大，费用高，村内排水压力超负荷。

构建网络化的生态系统，让乡村的水体和绿地形成一个整体，实现雨水调节、储藏、水质净化的多重功能。村落内的雨洪排至附近的水域与河流，由此形成了生态防洪模式，降低了原有防洪墙的高度。地形上有优势的地区，选择适当区域修建河川和水库，调节田园地带的洪水，挖池蓄水。必要时，人工河流要同时满足排水和蓄水的需求。

对于乡村地区的洪水、雨水处理及水质污浊问题，需要对相关设施进行调整，进行合理调蓄和分配，对农村的雨水系统调洪能力进行分析，制定农村的整体计划。增加村庄绿化面积，提高农村的渗透性面积的比例。增加居民的休息和游玩空间，添加各种各样的必要设施。空间绿化，屋顶绿化，湿地景观，多功能综合基础设施结合建设，雨水储藏系统和其他各种调节设施结合，促进绿地面积的增加，使人与自然融合发展（于海军，2019）。

3. 代谢循环

代谢最初起源于生物学。它指的是为了维持生命而发生的一系列有序的化学反应。代谢被认为是生物不断交换物质和能量的过程，随着代谢循环研究的不断深入，乡村内部循环也被纳入代谢循环研究的范围之内。

Kazuhiko Takeuchi 于1998年运用代谢循环的理论探讨了日本生态村的概念。区别于城市地区的创建与规划设计，生态村充分利用了乡村地区的特点，借助适当的生活、生产基础设施，实现物质的循环代谢，其显著特征是将农村地区的空间资源（稻田、非稻田、丘陵和山脉）定位为基础设施网络的重要组成部分，并根据农村生态系统特征的基本差异建立了三个模型，对模型进行分类的最重要的指标是人口密度。城市前沿区生态村、典型农业区和偏远山区的期望人口密度分别为100人/hm²、10人/hm²和1人/hm²。在这三种模式中，面积为100hm²的生态村被普遍考虑（图2-8）。

崔继红（2016）针对当前农村城镇化进程中，农村人口不断向城镇转移，非农产业大量产生，农村地区的生产、生活方式产生了巨大改变，打破了传统农村"资源—产品—废物—新资源"的物质闭路循环代谢模式，进而发展成为"资源—产品—废物"的物质单向代谢模式，造成农村地区环境问题日益严重这一现象，提出要从根本上解决农村城镇化进程中的环境问题，必须从重建物质闭路循环的代谢模式入手，发展区域农村循环经济，规划建设循环型生态城镇。石峰（2016）通过物质流分析法，对日本典型农村循环经济模式进行磷代谢分析，其研究结果表明：大量的堆肥和直接还田降低了畜禽排泄物和农村生活对水体环境的影响，但对于减少种植业引起的磷排放未起到关键作用。建议在建设新农村的同时，考虑农村生活—种植业—畜牧业一体化循环经济模式，提高农村生活废弃物的再资源化量，以减少对系统外环境的污染（图2-9）。

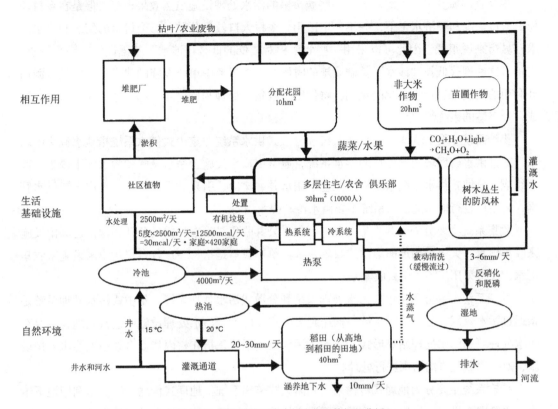

图 2-8　城市前沿区生态村内部系统循环分析

图片来源：TAKEUCHI K，NAMIKI Y，TANAKA H. Designing eco-villages for revitalizing Japanese rural areas[J]. Ecological Engineering, 1998, 11（1-4）：177-197.

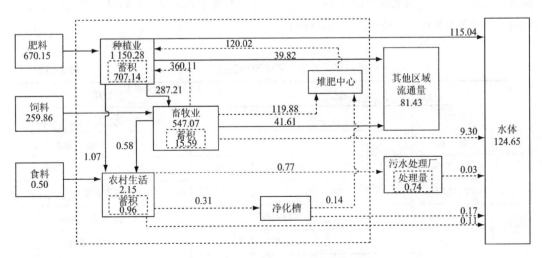

图 2-9　中札内村循环经济系统磷代谢网络图

图片来源：日本农村循环经济系统磷代谢分析——以北海道中札内村为例 [J]. 生态与农村环境学报，2013，29（6）：696-699.

2.3.2 当代乡村"涉水"基础设施现状分析

现今我国城乡发展差距较大，一些城市里的污水处理设施虽然效果很好，但是在乡村较低的人口密度和经济水平下，并不一定适用。乡村人口较为分散，每个村落的用水和排水需求较城市来说很低，因此可以采用一些效率相对较低的低技"涉水"基础设施来满足需求。在植入这些现代低技"涉水"基础设施的时候，不能只考虑单个设施的建设，需要从资源循环利用的角度来进行系统化的规划，将供给、收集、处理和传输4个部分紧密联系起来，形成一个完整的系统流程。

供给系统主要分为集中式供水系统和分散式供水系统。集中式供水系统指从水源集中取水，通过供水管网输送到各户的供水系统，通常由取水设施、净水设施和输水配水设施三部分组成。分散式供水系统指单户或几户共用水井、集雨、引泉等设施供水，无需设置供水管网，由用户自行取水的供水系统主要由水源和提水设备组成。

收集系统主要分为公共收集和单户收集。公共收集是指在村内的公共场地修建集雨设施来收集雨水，大多采用地面集雨式收集系统。单户收集是指每一户各自修建集雨设施来收集雨水，大多采用屋顶集雨式收集系统。

处理系统主要分为集中式污水处理系统和分散式污水处理系统。集中式污水处理系统是指通过污水管网将各户的污水统一输送到集中建设的大型污水处理设施中进行处理，主要有污水处理厂和污水处理站等形式。分散式污水处理系统是指在村内建设多处小型污水处理设施，对一户或几户的污水进行处理。

传输系统主要分为地埋式传输系统和露天式传输系统。地埋式传输系统是指利用地下给水排水管网来进行生活用水的输送和雨污水的排放，主要由给水管和排水管构成。露天式传输系统是指利用沟渠、河道等可见设施来进行水的输送。

供给、收集、处理、传输这四大系统都有两种不同的构成方式，每种方式都有各自的优缺点，都有一定的适用范围（表2-13）。根据每个乡村的实际情况，有时可以将两种方式相结合，发挥各自的优势，便可以取得更好的效果。

当代乡村"涉水"基础设施的优缺点对比　　　　　　　　　　　　　　　　表2-13

设施		优点	缺点
供给	集中式	效率高、水质好	工程量大、成本高、景观效果差
	分散式	工程量小、成本低、景观效果好	效率低、水质不稳定
收集	公共收集	可利用现有设施、收集效率高、景观效果好	水质差、不便作为生活用水
	单户收集	水质好、方便作为生活用水	收集效率较低
处理	集中式	效率高、管理方便	成本高、景观效果差
	分散式	成本低、景观效果较好	不便于统一管理
传输	地埋式	效率高、卫生条件好	工程量大、成本高
	露天式	景观效果好	效率较低、卫生条件较差

2.4 水系统空间及乡村空间设计及分析方法

在常规的规划设计方法中，前期科学的分析方法对规划设计成果的科学性、合理性有很强的指导作用，本书中的水系统空间设计主要运用了系统分析方法和定量分析方法，乡村空间设计主要运用了系统分析方法以及 GIS 空间分析方法（曹胜华，2019）。

2.4.1 量性结合分析方法

物质流分析是资源代谢分析的常用方法之一。物质流分析方法指按照质量守恒定律，在一定的时间和空间范围内，将研究对象作为一个系统，分析进出系统的物质或元素的种类和数量，而不考虑物质在系统内部的转化过程。物质流分析通过定量分析特定时间和空间范围内物质或元素的迁移转化路径，识别其循环流动特征和回收利用的路径，定量分析人类社会经济系统与自然环境之间的物质交换，测度物质使用的环境影响，揭示不同时间和空间尺度下资源的流动特征和转换效率，可以为资源的高效利用和管理提供定量的决策信息，是经济、产业和资源管理等部门可持续发展评估相关研究中的重要分析工具之一（赵杳加，2010）。

2.4.2 系统分析方法

系统分析（Systems Analysis）于 1930 年代提出，把管理上的问题作为开发者和用户之间交流的主要应用对象，在 1940 年代被推为主要研究内容，之后被广泛应用。

系统分析的目的是分析子系统和系统构成关系，分析系统内部各要素之间相互依存、相互调整、相互促进的关系。利用相互关联、相互依存的系统，分析水系统元素的功能关系以及水系统对空间结构和村落空间构成的影响，优化每个要素与环境的关系。最终为村落规划设计中遇到的一些难题提供解决方案。

从系统的角度分析乡村空间形成的影响因素，综合分析与乡村空间落位相关联的主要因素。这些因素主要是水文条件、地形特征、经济形态等。

村落形态与水具有密切的关系，江、河、湖、海等自然元素不仅可以美化自然景观，也是村落和建筑空间的构成要素，是地域建筑文化特征的具体表现形式。环绕型水系统意味着村庄被水系所包围，或者至少有三个面邻近水源。边缘型水系统是指水系统在村庄的侧面，村庄与水系统有特定的距离，村庄有沿水岸发展的态势（陈晓华，2018）。

水源充沛地区的村庄由于受到水系的影响，其整体结构、建筑、道路、绿化等都是根据空间造景组织水系的，而水域的自由性则使村庄形态灵活多变，充满生机。江南地区的村庄由于密集的河道而形成了复杂又丰富的布局。海岸渔村的整体布局常常随着海岸线的变化而扭转，部分情况下是凹陷的直立布局。每户人都可由自己的住房直接登船出港，以方便水上作业，也有些渔村为避免涨潮时被淹没，而与岸边保持一定的距离，其邻水的一面预留滩地，用于晒网、织网、养殖等。

村落形态同时受到地形的影响。地形分为山地和平原两种类型。山地地形既是其经济发展缓慢的制约因素，又是塑造聚落形态特征的主因。山地型村庄呈现出高低错落的"立体"景观效果。村里的布局一般可分为两种情况：一是建筑走向与等高线平行，道路街巷与等高线垂直；另一种是建筑走向与等高线垂直，街道平行于等高线布局，为提倡水的重力自流方式，"涉水"基础设施最好依照地势进行设置。平原地区的村庄最大的特点是地形起伏平缓，无明显倾斜角，因为没有山地的限制，所以整个村子布局更为规整，"涉水"基础设施的布局也比较灵活，可以更多地考虑人类的需求和经济因素。

村落形态还受到社会、经济形态的影响。除了以上几点原因外，村庄形态还受到道路结构、城乡关系、产业结构及历史演化等因素的影响。第一，有些村庄是沿着道路拓展的，生长态势沿着村庄主干道延伸。第二，小村镇会受到周边的村庄发展态势影响，目前大规模的城市化已经扩展到一些村落，改变了原有村庄的质朴。第三，乡村发展与当地产业发展共荣共生，村庄形态受产业结构影响很大。第四，村落必须有自己的传统地域文化，不能失去辨识性，要形成具有自己特色的景观形式。

2.4.3 物质循环代谢的分析方法

水系统循环可以分为自然循环和社会循环两类。水的自然循环是水在太阳辐射和重力作用下，以蒸发、降水和径流等方式进行的周而复始的运动过程。随着人类活动日渐复杂，仅靠自然循环已经跟不上社会发展的步伐，所以需要水的社会循环来辅助。水的社会循环主要是指人为控制水循环的过程，是一个密切联系人类活动的复杂系统。它包括供水（蓄水与取水）、用水、污水收集、污水处理以及污水回用等几个部分。

水代谢分为水的自然代谢和社会代谢。水的自然代谢包括两个方面的作用：一方面，水在循环利用的过程中自然降解、净化生物体排出废弃物；另一方面，水体在自然界循环的过程中，植物可吸附水分，滞留有毒物质。这两个方面形成了水的自然代谢系统。水资源的循环、代谢是整个水循环的重要组成部分，对水资源再生、回用起决定性作用（桂春雷，2014）。

运用循环代谢分析方法，通过对水系统物质流的代谢循环的计算分析，使水、养分、能量代谢更加合理。从水资源代谢中提取出能够运用到乡村水系统组织中的策略，物质代谢的计算有助于确定乡村水基础设施的空间位置与规模，为各个设施的可实施性提供数据基础。代谢分析能够促使乡村内代谢流循环更加经济、高效，指导乡村向更节能、更生态的可持续发展模式演变。

2.4.4 GIS 的空间分析方法

地理信息系统（GIS），是在计算机硬件和软件系统的支持下，在地球表面（包括大气）空间收集、存储、管理、计算、分析、显示和说明相关地理分布数据的技术系统。

空间分析与数据模型是 GIS 的主要功能。空间分析是以地理客体的位置及形态特性为基础的空间数据分析技术，GIS 对一般类型空间数据的分析包括配额分析、地形分析、水文分析、位置分析和交通分析。GIS 网络建模通常用于交通规划建模、水文建模和管网设施建模。

　　本研究主要应用 GIS 的空间分析系统，对案例村进行地形、地势及汇水方向方面的分析，通过分析研究区域的地形特征，确定地形高程及村落的坡度、坡向、汇水方向，对案例乡村涉水基础设施的设置进行辅助判断，加强设计策略的可行性。

2.5　本章小结

　　本章介绍了本研究需要应用到的相关基础理论和设计技术、方法，重点梳理了传统乡村用水智慧和地域化水系统体系构成、现代乡村"涉水"基础设施现状分析以及水系统空间与乡村空间设计方法，从中总结出了不同地域和类型的传统乡村在小农经济时期的水系统技术体系以及符合当代乡村发展的理水策略，发掘了可以在现代乡村水系统规划设计当中应用的理论和技术。

3

乡村水系统的
概念解读

本章将结合第二章内容，构建基于代谢循环的乡村水系统概念认知，通过对代谢平衡理论、可持续水资源利用等相关理论的研究，结合国内外乡村水资源循环利用相关研究，以系统化的视角提出乡村水系统概念，重点阐述乡村水系统的概念与内涵、构成要素与结构、层级与特征、综合效能等方面的内容，并结合上述研究对山东地区乡村水系统进行初步探讨。

3.1 乡村水系统的概念与内涵

3.1.1 乡村水系统的概念

正如芒福德所说："网络城市将越来越明显地被不可见的世界（能源网络、物质供给、资本等）所主宰。"这句话同样适用于乡村地区。在我国乡村振兴发展的背景下，乡村当前和未来水基础设施发展的困境，绝不仅仅在于设施本身的功能结构，更重要的是其与乡村发展的关系。水基础设施在能够满足乡村最基本的功能需求的同时，还需要与乡村自然生态相联系，与经济发展相促进，以保障乡村的多维空间促进效益的提升，并且以美学的角度加以考虑来维持乡村的空间支撑、功能运作以及持续发展。随着乡村发展逐渐多元化与复杂化，乡村水源、供水、集水、排水、污水处理等系统打破了单一功能的限制，彼此之间的制约或支撑作用逐渐凸显出来，因此需要从系统的层面加强各类设施之间的综合协调、整合与优化。

在此基础上，本书提出了乡村水系统的概念：乡村水系统是指在代谢循环下搭建以乡村水资源为主体，以众多"涉水"基础设施为构架的系统体系，该体系不仅承载着实现乡村水资源循环利用的供水、排水、雨水收集与污水处理等功能，而且与乡村空间、景观、经济、社会等因素有着密切联系，从而保障乡村可持续发展。因此，乡村水系统实际上是对乡村"涉水"基础设施空间系统化的研究，其顶层思想是"代谢循环"，通过对乡村各"涉水"基础设施空间的系统性组合优化，在实现乡村水资源循环利用的同时，引导乡村空间布局与规划。因此，并不是所有的"涉水"基础设施都能称之为乡村水系统，只有将"涉水"基础设施上升到乡村代谢循环的层面，以系统化的视角来考虑各个"涉水"基础设施要素之间的关系以及各要素组成的整体系统的良性运行，独立的"涉水"基础设施才会具有系统化的属性，成为乡村水系统的组成部分。从这个角度来说，乡村水系统的内涵已经远超常规所说的"市政基础设施"的范畴，这个系统不仅包含了与乡村相关的自然因素，还融入了社会、经济、景观等许多社会因素。

乡村"涉水"基础设施本意是指乡村市政基础设施中涉及水资源处理与排放的部分，即乡村灰色基础设施部分；而本书中涉及的"涉水"基础设施则在此概念的基础上进行了扩展，将具有乡村传统智慧的水处理设施也包含在内，使其具备了新的含义，即由乡村传统水处理设施与现代乡村市政水基础设施共同组成的部分，而各类"涉水"基础设施共同组成了乡村水系统。

乡村水系统更多以重力自流为运营方式，因此更容易受到乡村自然条件、地形地势、用地规模需求、建设空间需求以及"涉水"基础设施类型等条件的制约。同时，乡村水系统与乡村空间也是紧密联系的，一方面，乡村水系统中供水、排水、雨水收集与污水处理等部分设施具有较大空间规模，对于乡村的建筑、道路、公共空间等会产生较大的影响；另一方面，各类"涉水"基础设施在空间上也是乡村景观的主要构成要素，实质性地影响着村落空间特征和景观的发展（表3-1）。

乡村水系统与乡村空间的关联性　　　　　　　　　　　　　　表3-1

乡村水系统构成	与水系统相关联的乡村空间	主要职能
供给子系统	泉井、水库……	提供生活所需用水
收集子系统	蓄水池、涝池、溢流池……	补充淡水资源，雨水利用
传输子系统	沟渠、给水管、排水明沟……	污水排放与运输
处理子系统	氧化池、人工湿地、生态化粪池……	水净化处理与再利用

3.1.2　乡村水系统的内涵

乡村水系统是对乡村空间形态与"涉水"基础设施空间的耦合设计，力求实现乡村水资源利用的可持续发展。乡村规划人员与乡村设计人员可以借助乡村"涉水"基础设施工具库，选择适宜的乡村空间形态类型，规划设计符合资源代谢规律的特定类型的乡村空间形态，并选取与乡村发展相适应的水基础设施与现代技术，解决乡村出现的各类水环境问题，保障乡村重塑良性的水资源循环，以达到对乡村水资源的高效利用以及对生态宜居乡村的建设，并进一步实现塑造具有特色的乡村空间风貌的目的。研究乡村水系统各个"涉水"基础设施的代谢情况，发现乡村发展现有的问题进而改善乡村空间发展模式。

3.2 乡村水系统的要素构成与结构特征

3.2.1 乡村水系统要素构成

按照各部分设施承担的职能，乡村水系统又可以分为供给、收集、传输、处理四个子系统，而各子系统内部又是由众多"涉水"基础设施构成的。四个子系统相互联合，共同构成了乡村水资源利用循环系统，每个子系统都对这个循环系统起着一定的促进或制约作用。

1. 供给子系统

供给子系统是乡村水代谢循环的起点，也是乡村内部生产生活用水的主要来源。目前我国乡村内水资源的供给方式主要分为集中式供水与分散式供水两种。集中式供水一般是以一个村庄或多个村庄为单位，在水源地集中取水，经自来水厂统一净化处理和消毒后，由供水输水管网送到村庄内部的取水点。该模式有利于对水质和水量的把控，但对于乡村管网铺设要求较高，因此，总体投入成本相对较高，适合经济发展相对较好的村庄或距市政管网较近的近郊乡村。分散式供水则是指村民分散地直接从水源取水，包括水井取水、泉池引水及雨水收集等形式，供水设施相对灵活，投入成本比集中式低，但水质、水量难以把控（图3-1）。

集中供水设施　　　　　　　　　　　庭院水窖

图 3-1 乡村供水设施

图片来源：http://yn.xinhuanet.com/newscenter/2020-04/29/c_139017292.htm.

2. 收集子系统

收集子系统主要包括雨水收集与污水收集两个部分，目前我国乡村雨水收集设施主要分为集中式和分散式两类。集中式是指以村域为单位，依靠蓄水池、涝池、水库等设施实现村域范围内的雨水收集，用作旱季生活、生产用水；分散式则多以庭院为单位，通过水井、水窖或雨水罐等小型集水设施实现雨水收集，用作日常生活用水。污水收集方面，污水设施一般都兼具处理功能，单纯用于污水收集的设施很少，在污水收集的同时，对污水进行预处理，便于污水的二次处理与净化（图3-2）。

分散供水设施　　　　　　　　　　　　　　　村内蓄水池

图 3-2　乡村集水设施

图片来源：http://yn.xinhuanet.com/newscenter/2020-04/29/c_139017292.htm.

3. 处理子系统

　　处理子系统是乡村水系统形成代谢循环的核心部分，也是维持乡村良性水环境的主要部分。我国的水处理设施多样，考虑到乡村经济条件的限定与管理的方便性，目前我国推行的农村污水处理设施以低技、低成本的生物处理技术为主，在满足处理功能的同时还具有良好的景观效能。例如适合庭院单元的化粪池、沼气池、小型人工湿地等，以及适合村域单元的稳定塘、生态滤池、人工湿地等（图 3-3）。

沼气池　　　　　　　　　　　　　　　　　排水明沟

图 3-3　乡村污水处理设施

4. 传输子系统

　　乡村水系统中的传输子系统多被用作其他三个子系统内部与系统之间的连接纽带，以维持各个子系统的良性运行。因此，传输子系统主要涉及乡村排水设施、供水管网等，乡村排水设施包括排水沟渠、给水排水管道、明沟等设施（图 3-4）。

人工湿地   排水沟渠

图3-4 乡村排水设施

3.2.2 乡村水系统结构特征

　　乡村水系统是由供给子系统、收集子系统、传输子系统和处理子系统四者复合而成的综合性系统体系。系统内部各个子系统之间相互联系、相互促进和制约，共同构建了乡村水资源的循环利用体系，并对乡村空间、环境、社会等方面产生了重要影响。对于乡村水系统结构特征的分析，则主要从各个子系统之间的结构关系、功能组织以及空间组织三方面入手。

1．结构关系

　　从系统分析的角度来看，乡村水系统的构成要素之间存在明显的结构层级特征。首先，乡村水系统依据构成要素的职能可以分为供给、收集、传输、处理四个子系统。其次，各个子系统又是由众多承担相同功能的"涉水"基础设施要素构成的，于是，系统、子系统和子系统内各个"涉水"基础设施要素之间便形成了逐层细化的层级结构关系。水系统则在不同层级之间相互联系、相互促进和相互制约，同一层内的各子系统或要素之间既有联系，又有矛盾和冲突，因而需要在上一层次系统中加以综合与协调，以保持系统的整体性和稳定性（邵益生，2004）。例如供给、传输、收集、处理四个子系统构成了乡村水资源循环利用的过程，在这个过程中，每个部分和环节都是不可缺少的，彼此间相互影响，相互促进，相互制约。如果在乡村水资源循环利用过程中的某个节点出了问题，则需要在系统的最高层次中通过调整供需关系来达到子系统间的协调（图3-5）。

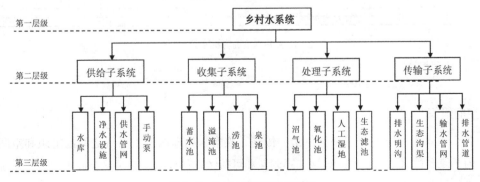

图3-5 乡村水系统结构关系图

2. 功能组织

供给子系统作为乡村水系统空间构建的起点，将不同形式的水资源以分散供给和集中供给的形式输送到乡村内部，以满足乡村日常生产生活的用水需求。收集子系统则是对乡村水资源的另一种补充，通过对村域单元和家庭单元内的雨水进行收集和再利用，在减缓供水子系统压力的同时，增加了乡村用水形式的多样性以及抗旱抗涝、蓄水调洪的能力。处理子系统作为乡村水资源代谢循环的核心部分，是实现乡村污水治理与改善乡村水生态环境的重要内容。目前我国乡村水处理设施主要分为集中式和分散式两种处理模式：集中式处理模式是指村庄通过建设污水处理厂或直接纳入城镇管网实现统一处理，分散式处理模式则是以户为单位，一户或多户联合设置小型污水处理设施，从而达到小范围内污水资源的循环利用。众多"涉水"基础设施通过对乡村生活生产污水的分类收集与处理，实现了对污水中的COD、SS、氨氮等有机污染物的有效去除，处理后出水达标可再次投入乡村生产中，或排入沟渠，通过自然净化进一步补充地表水或涵养地下水资源，而污水中去除的有机物则可以考虑作为养分用于农业生产。传输子系统则包含在各个子系统的运行过程中，通过各子系统之间的物质传送，保证各个系统的良性运行（图3-6）。

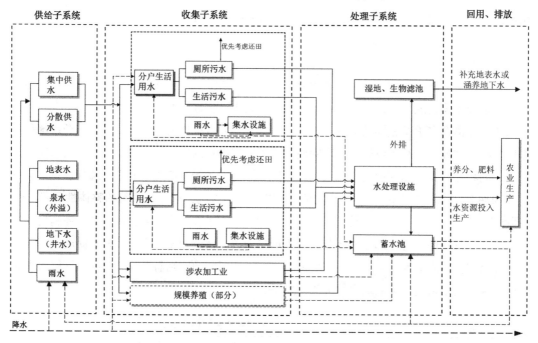

图3-6 乡村水系统功能组织结构图

图片来源：作者自绘。

3. 空间组织

各个子系统的空间组织是指供给、传输、收集、处理四个子系统之间的组织和空间布局。为了使乡村水系统达到连续性、协调性和可持续性的要求，必须从空间上把各子系统合理地组织起来，使它们密切配合，协调一致。

　　组织层面，各个子系统依据功能需求，通过对众多"涉水"基础设施的合理组织布局，搭建乡村水系统循环利用的整体框架。供给子系统作为乡村水系统代谢循环的起点，是乡村物质输入的主要来源，包括水源、取水设施和给水管网等部分。收集子系统反映了乡村在生产生活中对水资源的利用形式与类别，一定程度上影响着各个子系统的空间布局。处理子系统更多地反映在对污水的收集与处理方面，对于探明乡村水资源的主要代谢形式具有重要作用，可为其他三个子系统提供反馈与调节。传输子系统为其余三个子系统内部与系统之间的连接纽带，通过对不同连接方式的合理组织保证各个子系统的平稳运行。

　　空间布局层面，各子系统的空间布局与乡村空间布局是密不可分的。供给子系统在供水点的选取上须充分考虑乡村居住区布局形态，合理地选取位置，以满足村民取水的便捷性与卫生性。收集子系统设施在空间布置上多结合乡村地形地势有层次地展开，一般选取地势较低处或乡村易积水空间进行改造布置。处理子系统设施的布置则多以村落的空间布局为依据，考虑到生活污水是乡村污水的主要来源，污水处理设施多依据乡村污水类型、设施容纳限度等因素合理地选择"分区并联"和"各户串联"的收集处理模式，由于处理设施中的物质多具有一定的污染性，因此布置上除了考虑经济性与景观性以外，还需注意对供给、收集子系统设施的影响，因此多结合乡村整体布局合理选择设置点。传输子系统则多结合乡村道路空间布置，以配合各子系统的物质传输（图3-7）。

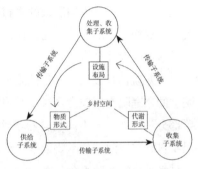

图 3-7　乡村水系统空间组织概念图

3.3　乡村水系统的层级与特征

3.3.1　乡村水系统的层级

　　乡村水系统的构建是一个整合性的过程，不是简单地对供给、传输、收集、处理四个子系统进行优化叠加设计，而是寻求经济科学的方式，挖掘和利用这些处于不同职能的技术系统之间的协同作用，力求实现乡村水循环的长期可持续性，同时为村民创造良好的乡村空间环境，因此，对于乡村水系统层级的研究主要包括系统层级和空间层级两个方面。

1. 系统层级

　　乡村水系统从自身构成的角度来看，可以分为四大子系统，即供给子系统、收集子系统、传输子系统、处理子系统，而四大子系统又包含了乡村水系统良性运行所需的众多"涉水"基础设施，也是维系乡村水循环的主要组成部分。一方面，众多"涉水"基础设施形成了乡村水循环网络的整体框架和传输路径，构建了适合乡村的空间载体和适宜的转化技术，形成了良好的乡村水基础设施体系（灰色系统）。另一方面，乡村水基础设施也会与乡村空间相结合，成为乡村景观的构成部分。

乡村"涉水"基础设施要素包括但不局限于以下内容：

（1）乡村供水子系统：市政自来水管网、水库、蓄水池、水井、泉池等；

（2）乡村传输子系统：给水管道、排水管道（雨水、污水）、排水沟渠等；

（3）乡村收集子系统：堰塘、蓄水池、溢流池、涝池、河流等；

（4）乡村处理子系统：氧化塘、稳定塘、化粪池、沼气池、人工湿地、生态滤池等。

2. 空间层级

乡村水系统的构建可以从乡村整体环境规划和单体生活单元设计两个方面展开。对于乡村空间层次的划分，目前学术界并没有明确的概念及定义，这里简单地将乡村按照空间尺度划分为院落、建筑单元、村域三个层级，即微观院落尺度层级、中观单元尺度层级和宏观村域尺度层级。将不同层级的乡村空间作为乡村水系统构建的研究区域，从而形成微观、中观、宏观相结合的水系统构建体系，面对不同层级的乡村空间，有针对性地提出具有成效的乡村水系统设计策略。

微观院落尺度层级，指的是乡村空间最基本的组成单元，即满足村民基本生活要素的庭院空间。庭院空间作为乡村水系统构建中能够操作的最小单元，是组成乡村水系统循环的重要部分。虽然由于不同的自然条件与社会条件的影响，乡村庭院空间的组合形式亦不相同，但乡村庭院空间的基本要素是一致的。因此，研究乡村庭院空间与水基础设施的结合是构建乡村水系统的基础所在。

中观单元尺度层级是指由众多院落空间组成的集合体，范围小于村域这一层级，包含了乡村交通空间、公共空间以及景观空间等部分，是乡村空间形态的主要构成部分，也是与乡村"涉水"基础设施空间结合最紧密的乡村空间部分，对该空间尺度下水系统植入设计的研究是实现乡村水系统代谢循环和探讨其与乡村空间的交互作用的关键部分。

宏观村域尺度层级，指由行政边界进行划分的范围、规模较大的乡村空间片区，也是乡村水系统设计的最大尺度单元。该层级构建了乡村水系统的主要框架与空间形式，为乡村水系统空间重构研究提供了背景基础（图3-8）。

3.3.2　乡村水系统的特征

1. 共生性

乡村水系统是由众多"涉水"基础设施组成的系统体系，这意味着水系统的构建不是依靠"涉水"基础设施的简单叠加，而是需要各组成部分共同协调与合作，"共生性"是其基本特征属性。"涉水"基础设施的共生性主要体现在两个方面。一方面，乡村"涉水"基础设施作为一个动态的、开放的、多组合的系统体系，并不是各自功能的简单叠加，而是各功能之间的相互协调、促进和激发。通过共生机制，各基础设施部分相互作用和协作，形成多样的功能、结构和系统关系。"涉水"基础设施的共生性促进了基础设施的有序性和稳定性，各部分相得益彰。另一方面，众多"涉水"基础设施在乡村中并不是一个独立、封闭的空间体系，虽然有些"涉水"基础设施能够较为独立地承担部分乡村功能，但更重要的是与乡村

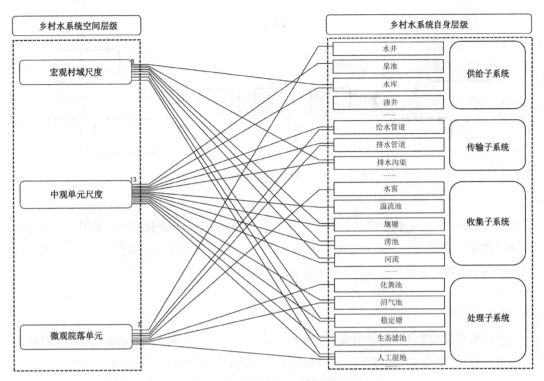

图 3-8 乡村水系层级关系图

的社会、经济、文化和生态协同发展，促进乡村可持续发展，创造高品质的乡村空间形态和开放的空间系统。

由此可见乡村"涉水"基础设施的共生性要求内部各个"涉水"基础设施彼此之间紧密联系、合作与交换，直至各个"涉水"基础设施相互融合，达到共同适应、共同优化和共同发展的目的。只有这样，各个不同的"涉水"基础设施之间才能形成功能最大化、效益最大化和成本最小化的整体，从而实现乡村水代谢的可持续性。

2. 自维持性与循环性

"自维持性"是指生物能量几乎全在系统内部流动、转化，以维持生产活动的闭路生态系统，是一种资源循环的体现。早在古代，我国乡村用水智慧就已经显现出自维持性的特征，珠江三角洲传统村落中的"桑基鱼塘"便具有微生物水体净化的可持续性。乡村水系统对生态性和可持续性的需求决定了乡村水系统具有一定的自维持性，而众多"涉水"基础设施则是乡村水系统的自维持性的具体体现。与城市相比，乡村经济发展较为落后，低造价的建设需求促使乡村对基础设施可持续性的要求更高，通过适宜的现代技术结合乡村传统用水智慧，以减少外部资源输入来满足水基础设施的运行，不依赖大量技术输入，是建立自我维持的乡村水系统的基础。

乡村水系统的自维持性要求水系统内"涉水"基础设施对水资源循环利用，随着我国经济的发展、城市化建设的推进以及人们生活方式的改变，乡村水资源的代谢形成了明显的线

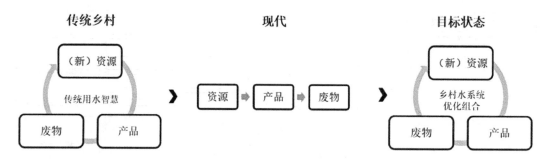

图 3-9　乡村水系统物质闭路循环示意图

性模式，资源—产品—废物的单向水代谢模式是乡村水环境不断恶化的主要原因。应通过对众多"涉水"基础设施的合理组合，在保证乡村水资源循环利用的同时，重现乡村的"资源—产品—废物—（新）资源"物质闭路循环代谢模式（图 3-9）。

3．水系统韧性

乡村水系统的韧性指的是由众多"涉水"基础设施搭建的乡村水循环体系对于自然灾害和人类活动的承载能力，主要体现在乡村水系统的抗干扰能力和恢复能力两个方面。

抗干扰能力方面，乡村水系统的抗干扰能力并不是抵御风险灾害的能力，而是指保证各个"涉水"基础设施系统在灾害干扰下正常运行的能力，或者是尽量提升系统受干扰而导致功能下降的阈值，在应对一般风险时，使得乡村水系统能够尽可能保证系统整体不受影响地运行。

恢复能力方面，乡村水系统的韧性特征还要求水系统具有一定的恢复能力。乡村水系统在维持乡村水资源代谢循环良性运行的同时，其包含的众多"涉水"基础设施也是乡村的景观、生态等的重要组成部分。例如蓄水池、氧化池、人工湿地等，不仅具有处理功能，还是乡村自然生态网络的组成部分，因此具有天然的吸收、适应能力，对外界的干扰具有一定的恢复能力，在面对雨季洪涝、旱季缺水、低温冷冻等自然气候干扰以及人类建设、生产活动对设施系统造成的干扰时，能够恢复系统功能运作平衡的状态。因此，在乡村水系统的建设中，就需要使用适应性的方法，提升整体系统的恢复能力，降低各种干扰对基本功能运行的影响（武玲，2018）。

3.4　乡村水系统综合效能

众多"涉水"基础设施是乡村水系统的重要组成部分，也是维系乡村水资源循环的重要内容，它们分布在乡村的各个空间之中，共同组成了乡村水代谢循环系统，因此，乡村水系统早已融入乡村生产、生活、生态之中，与乡村空间、环境、景观、经济、社会等有着紧密联系（图 3-10）。

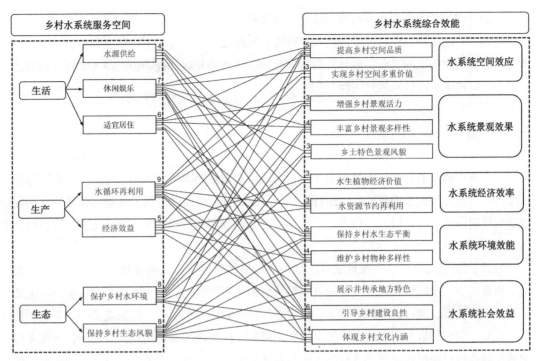

图 3-10 乡村水系统综合效能

3.4.1 乡村水系统的空间效应

从空间层面上看，乡村水系统空间作为乡村空间的重要组成部分之一，具有空间的内在属性。乡村水系统中的众多"涉水"基础设施是最靠近村民生活、生产空间的部分，与村民的日常生活空间和生产空间都有着密切联系，因此，乡村水系统在植入过程中对乡村空间有着重要影响，主要体现在串联乡村空间、塑造空间品质、提升空间活力三个方面。

在串联乡村空间方面，乡村水系统在空间植入过程中与乡村院落空间、道路空间、公共节点空间有着紧密的联系。屋顶绿化、生态雨庭等"涉水"基础设施与院落空间关系密切。生态沟渠、明沟等设施大多结合乡村道路空间进行布置，而泉井、堰塘、蓄水池、人工湿地等空间则是乡村公共节点空间的主要组成部分，从而影响着村落的节点空间布局。由此可见，乡村水系统涉及乡村空间的各个部分，通过与乡村各个空间多维度的结合，串联了整个乡村空间。

在塑造空间品质方面，乡村水系统中水井、泉池、蓄水池、稳定塘、生态沟渠、人工湿地等设施不仅是维系乡村良性水循环的重要组成部分，也是乡村水空间景观的组成部分。然而随着乡村建设的推进以及村民生活方式的改变，这些水系统空间由于在村庄中不再承担相应的职能而被废弃，废弃后的空间逐渐被生活生产垃圾、柴草、简易设施所占据，造成了乡村空间与资源的极大浪费。因此，结合现代技术，对乡村水系统空间进行梳理与再利用，实现水系统空间的合理布局，不仅能够重新激发"涉水"基础设施的功效，使其重新焕发"活力"，而且能够进一步提升乡村空间品质，改善乡村环境，实现乡村空间的多重价值。

在提升空间活力方面，乡村水系统在串联乡村空间和塑造空间品质的同时，打破了乡村空间功能单一的限制，营造了良好的景观环境，从而使村民获得了更好的空间体验感，不仅增加了居民休憩闲谈的机会，而且有利于多种娱乐活动的开展，进一步提高了乡村空间的整体活力，增强了乡村空间的宜居性。

3.4.2 乡村水系统的景观效果

从景观层面上看，乡村水系统对于乡村景观也有着重要影响，水系统中的"涉水"基础设施不仅可保证乡村水循环的良性运行，其空间也可构成优良的乡村景观空间体系，从而促进乡村景观的形成与发展。乡村水系统对于乡村景观方面的影响主要表现在维护景观风貌和营造景观层次两个方面。

在维护景观风貌方面，水系统对于维护乡村整体景观风貌具有重要作用。在乡村景观框架体系之中，水环境空间一直是影响乡村景观的主要因素之一，它不仅是乡村生产、生活的重要支撑要素，而且还承担了调节乡村生态气候的职能，增加了乡村景观活力，形成了特色水景观。与乡村水空间密切联系的水系统空间是乡村景观的重要组成部分之一，其在乡村中的空间落位也深深地影响着乡村的生态景观环境，乡村水系统中的人工湿地、稳定塘、堰塘、蓄水池等组成部分，在满足自身功能要求的前提下，结合乡村景观需求，优化乡村水景观形态，并与当地特色文化相结合，从而形成了各具特色的地域性文化景观，在提高乡村景观体系多样性与文化性的同时，对于维持乡村整体景观风貌有着重要作用。

在营造景观层次方面，水系统在乡村不同空间层面的植入有利于营造乡村多层次的景观体系。人工湿地、土地处理单元等生态处理设施由于占地规模较大，形成了乡村面状景观空间。泉井、蓄水池、堰塘等空间是乡村内部主要的景观节点空间，而各个设施之间则依托道路系统连接形成线状通廊，从而形成乡村"点""线""面"的景观体系构架，增加乡村景观的空间层次感，以满足居民对景观的多样化体验需求。

3.4.3 乡村水系统的经济效益

从经济层面上看，乡村水系统对于乡村经济也有一定的增益效果。一方面，我国乡村经济发展相对落后，乡村水系统植入以低技、低成本为主要设计原则，这使得自然生物基础设施成为乡村处理设施的首选，通过一定的植物配置，结合乡村已有的蓄水池、稳定塘、氧化池、人工湿地等，实现对乡村生产生活污水中氮、磷等有机物的有效吸收。然而，单纯观赏性的植物不仅会增大乡村前期建设投资，而且很难长久地保持，因此，在植物配置中，可以选择具有一定经济性的植物，不仅能够保持"涉水"基础设施中植物的净化功效，而且还能为乡村带来一定的经济收益，降低乡村水系统的运行成本，保证乡村水系统的可持续性。结合国内外相关研究，兼具净化功效与经济价值的水生植物主要可以分为三种：一种是具有食用价值的植物，如莲藕、水芹、茭白、莼菜、慈姑、睡莲、豆瓣菜等；第二种是具有一定药用价值的植物，包括灯心草、芦根、芡实、水蓼、香蒲、半枝莲、黑三棱、菖蒲、水苏等；

第三种则是花卉类植物，主要有黄花鸢尾 、再力花、香根草、黑麦草、美人蕉 、水葱、凤眼莲等（李洁，2013 ）。

具有经济价值与净化效能的水生植物众多，在选配过程中需遵从一定的原则，以达到生态性与美学性的最佳效果。乡村在对水生植物进行选取的过程中主要遵从的原则有：①优先选择适宜的本土植物，在确保植物具有良好适应性的同时，突出植物的典型性与生态意义；②结合乡村污染物类型，选择耐污、去污能力较强的水生植物；③植物配置避免单一性，提升植物群落的稳定性与韧性；④优先选取多年生植物，降低维护成本；⑤考虑植物的生态安全性，避免对乡村本地生态环境构成侵害；⑥注重植物间搭配的美学性，考虑水生植物搭配的质感、色彩、形态等因素（李洁，2013）。当然，植物选择时不能过度强调经济性，还应符合生态和审美的双重要求。

另一方面，乡村水系统的经济效能还体现在水资源的循环利用上，乡村水系统通过对多种"涉水"设施的合理组合，实现了对乡村污水的净化处理，净化后的污水经过人工湿地或氧化塘等自然处理设施的处理后可达到污水排放指标，出水可直接用于种植业的灌溉和水产养殖业的用水补给，在降低乡村产业用水需求的同时，能有效涵养乡村地下水资源。部分收集到的雨水经简单处理后可用于浇洒路面和绿化以及用作公共设施的厕所用水，进而降低乡村景观维护的成本和公共设施的用水需求。乡村水资源的循环利用节省了乡村多方面的用水需求，降低了用水投入，从而提升了乡村空间的经济价值。

3.4.4　乡村水系统的环境效能

从乡村环境的角度来看，乡村水系统对于保持乡村水生态平衡、维护乡村物种多样性具有重要作用。一方面，水系统在乡村空间植入中延续了乡村传统排水治水智慧，通过对乡村现有汇水路径的梳理，并结合现代"涉水"设施，重塑了乡村水循环系统，进而恢复了乡村原始水生态系统。同时，水系统的韧性特征可保证水系统在面临一定的自然灾害和人为干扰时能够有效地保持并逐渐恢复其功能，从而提高乡村水生态环境的韧性，为乡村未来的发展提供基础与支撑。

另一方面，乡村水系统也有利于保持乡村物种的多样性。随着乡村建设的发展，乡村水环境污染问题愈发严重，乡村物种的多样性出现塌方式的下降，并逐渐消失。乡村多样的物种不仅是乡村生态环境的基础，而且具有景观、文化、美学、科学等多种价值，是乡村建设发展的重要基石，因此，对其进行保护具有重要意义。乡村水系统在植入过程中多以低技、低成本的自然生物处理工艺为主，同时，水系统中的众多"涉水"基础设施在设计中多结合水生植物设计，以满足乡村生态景观的需求；不同水生植物和自然生物的引入不仅有利于实现对乡村污水中氮、磷等有机物的去除，而且能够结合乡村现有环境形成多样的生态链条，在维持水系统运行稳定性的同时，丰富了物种的生态循环，从而保护了乡村物种的多样性。

3.4.5 乡村水系统的社会效益

乡村水系统的社会效益主要体现在乡村水系统空间植入与地域传统治水智慧的关联上，通过传统治水智慧与现代"涉水"基础设施的结合，展现并传承乡村地域特色，从而提升乡村的主体地位，提高村民对乡村生态水环境的保护意识，从而实现对乡村建设的良性引导。乡村传统的治水智慧是乡村在发展过程中结合自身地域情况与自然环境和谐共生所形成的智慧结晶，蕴含着乡村特有的文化内涵与地域特色，是乡村区别于其他地域村镇最明显的特征。而当前乡村污水治理中往往会忽略这一点，过分地追求工程性和高效性，使得这些富有地方特色的用水理念逐渐消失。因此，通过对乡村水系统的重新梳理，可以重现其传统智慧，保留并传承乡村地方特色，提高村民对乡村的认可度，形成乡村的良性发展。

3.5 山东地区乡村水系统研究

3.5.1 乡村水资源代谢分析

对于半湿润地区与寒冷地区交汇的山东地区乡村水资源代谢分析的研究是本书研究乡村水系统构成的重要基础。通过前期对山东地区内乡村的调研可知，乡村对于水资源的利用主要集中在生产、生活两个部分。这些乡村水资源代谢流可以是简单的线性链接，也可能是复杂的环形链接（赵彦博，2017）。

乡村水资源的代谢循环包含自然水循环与社会水循环的双重属性，且对于水资源的利用形式较少，多以村民生产、生活为主。首先，村域范围内的降水在补充地表水的同时也涵养了乡村地下水层，乡村生活及生产用水则主要来源于村域范围内或者附近的地表、地下水资源（自来水、井水、泉水、河水等）。随着山东省"美丽乡村"建设的不断推进，大部分乡村已经基本具备了卫生水体净化能力，在一定程度上保证了乡村用水的安全性。同时，随着乡村生活水平的提高，山东部分发达地区的乡村居民人均用水量已经接近甚至达到城市居民用水量标准（表3-2）。

华北地区农村居民生活用水量参考取值　　　　表3-2

村庄类型	用水量 [L/（人·日）]
户内有给水排水卫生设备和淋浴设备	100～145
户内有给水排水卫生设备，无淋浴设备	40～80
户内有给水龙头，无卫生设备	30～50
无户内给水排水设备	20～40

表格来源：《村镇供水工程技术规范》SL310-2004

村域范围内的水资源（地表水及地下水）进入乡村生活系统主要用作饮用水与生活用水两个部分。饮用水通过居民自身的新陈代谢排出体外，是乡村"黑水"与"黄水"的主要源头；生活用水则主要包括厕所冲洗水、厨房洗涤水、洗衣机排水、淋浴排水等，该部分水资源在完成使用功能后变成生活污水排出。水资源进入乡村生产系统中，一部分用于乡村农业与种植业灌溉的水代谢流，另一部分则用于畜牧养殖业使用的水代谢流。通过调研走访得知，大多数山东区域乡村生活生产用水再利用率较低，且污水多就地排放或直接注入附近湖河之中，不具备污水处理能力。乡村污水一般通过明沟自然蒸发或软质土壤渗透完成最终的代谢过程。

此处需指出的是，本书对于乡村水系统的研究主要集中于对乡村内部社会水循环的探索，而农耕产业则多以蒸发与渗透为主要循环模式，属于自然水循环的范畴，故不在研究范围之内。

3.5.2 乡村水系统循环模式分析

山东地区乡村存在地形、分布、习惯等多方面的差异，所以乡村水系统处理模式也存在多样性。在乡村水系统构成中，供给、传输、收集子系统是每个乡村内部都具备的部分，而处理子系统的分布及运行模式则存在多样性，因此乡村水系统处理模式的分类主要以处理子系统布局形式为依据。在此基础上，可以将乡村水系统循环形式概括为：村镇联动型、多村并联型、单村独立型和多样综合型四类（表3-3、表3-4）。

1. 村镇联动型

村镇联动型指的是当乡村具有较为完善的排水管网系统且城镇管网直接穿过乡村，或乡村距离市政管网在5km以内且村庄内部污水可以通过重力自流直接流入市政排水管网时，乡村生活、生产污水可以直接排入城镇或市区污水管网，由城镇进行统一处理，形成"村收集—

乡村水系统处理模式归类　　　　　　　　　　　　　　　　表3-3

乡村水系统循环形式	运行模式	优劣对比	适用范围
村镇联动型	乡村污水接入城市管网之中，由城镇进行统一处理，形成"村收集—镇区处理"的形式	该模式具有投资少、施工周期短、见效快和统一管理方便等优点，但对于村庄发展需求较高	适用于城市近郊乡村
多村并联型	通过建设集中污水处理设施，解决周边村庄环境问题，该模式通常采用生物与生态组合处理等工艺形式	该模式的污水处理效率较高但经济投入较大，且需配备专业人员看守	适用于地域空间相连的多个村庄
单村独立型	乡村污水处理一般采用分散处理的模式，且以低成本、可持续性的生物处理技术为主	具有较好的景观性和可持续性，但运行周期相对较长	适用于距离城镇较远且较为独立的村庄
多样综合型	处理子系统一部分集中布置，一部分结合乡村空间分散处理	缩小成本，减少集中化处理中的管线敷设成本，但不利于统一管理	适用于偏离城市较远，经济发展相对较差的连片村庄

村镇联动、多村并联、单村独立水系统循环模式示意图　　　表3-4

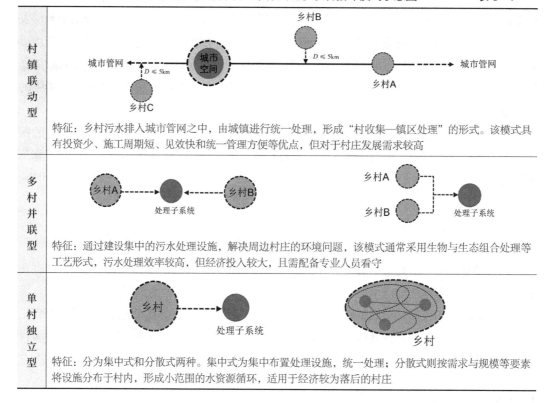

村镇联动型	特征：乡村污水排入城市管网之中，由城镇进行统一处理，形成"村收集—镇区处理"的形式。该模式具有投资少、施工周期短、见效快和统一管理方便等优点，但对于村庄发展需求较高
多村并联型	特征：通过建设集中的污水处理设施，解决周边村庄的环境问题，该模式通常采用生物与生态组合处理等工艺形式，污水处理效率较高，但经济投入较大，且需配备专业人员看守
单村独立型	特征：分为集中式和分散式两种。集中式为集中布置处理设施，统一处理；分散式则按需求与规模等要素将设施分布于村内，形成小范围的水资源循环，适用于经济较为落后的村庄

镇区处理"的形式。该类乡村无需建设污水处理设施，具有投资少、施工周期短、见效快和管理方便等优点，但对于村庄发展的需求较高，一般只适用于城市近郊乡村。

2. 多村并联型

多村并联型是指对地域空间相连的多个村庄，通过统一建设乡村污水处理设施，将村庄内全部污水集中输送至此，就地处理。山东地区乡村地域广阔，对于部分污水排放量较大、人口密度大、远离城镇且乡村连片布局的地区，可以考虑采用乡村集中处理模式。多村通过建设集中的污水处理设施，利用其辐射作用，解决周边村庄的水环境问题。该处理模式与污水处理站类似，通常以生物与生态组合处理等工艺形式为主，污水处理效率较高，但经济投入较大，且需配备专业人员看守。

3. 单村独立型

单村独立型是指以单独村落为单位的污水处理形式。当乡村距离城镇与其他村落较远时，考虑到经济性和可持续性的因素，乡村污水处理一般采用集中处理和分散处理相结合的模式。相对于城市空间整体而言，小、散、乱是乡村空间的主要特征，这从一定程度上增加了乡村污水治理的难度。据统计，相同处理能力的供水厂、地下管线、污水厂，集中建设比分散建设投入减少了25%左右，也就意味着该类乡村水系统无法过多借助人工手段治理、改善水环境。同时，在乡村水治理过程中还需考虑对乡土景观的保护，与城市景观设计不同，

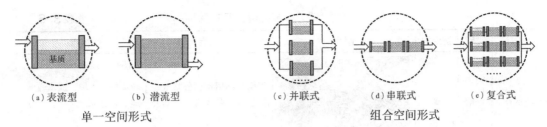

图 3-11　人工湿地空间组合形式

图片来源：荣婧宏，刘晓光，吴冰. 寒地乡村宜居社区绿色基础设施构建策略研究 [J]. 低温建筑设计，2018（40）：128-132.

乡村景观更注重与自然环境的融合，而水景观作为乡村景观的重要组成部分，对于乡村景观风貌的保护有着重要的影响。对成本的控制和乡村景观的要求使得人们将关注点逐渐投向具有可持续性的低成本的绿色生物处理技术。通过对人工湿地、生态沟渠、生态浮岛、稳定塘等绿色处理设施的建设，乡村可实现对生产生活污水的有效拦截、沉降、吸收、再利用，达到对乡村水环境的有效治理。人工湿地具有多种组合形式，合理地组合利用能够实现乡村污水处理的高效性，但运行周期相对较长（图 3-11）。

4．多样综合型

多样综合型指乡村水系统中的处理子系统一部分集中布置，一部分结合乡村空间分散布置。部分地域空间相连的村庄采用集中处理与分散处理相结合的污水处理模式，对于生活污水，以一户或多户为一个单位进行分散处理，乡村生产空间与公共建筑的污水则考虑集中处理，这样既能够降低乡村集中化处理中管线敷设投入的成本，又能够实现小范围内的污水收集与循环再利用，保证乡村水循环系统良性运行，但不利于统一管理。

3.5.3　乡村"涉水"基础设施归纳

"涉水"基础设施作为乡村水系统的重要组成部分，与乡村空间有着密切的联系，因此，对于乡村"涉水"基础设施的归纳，不仅有利于确定各类"涉水"基础设施的具体落位空间与占地规模，而且能够更好地了解乡村"涉水"基础设施与乡村空间的交互关系，从空间尺度上把握"涉水"基础设施植入时对乡村空间形态的影响，以便于确认其与乡村空间的适用性。

我国地域广阔，气候与地形条件复杂多样，各类村落分布于气候、地形与地貌等存在明显差异的不同地区，干旱、半干旱、半湿润、湿润地区乡村"涉水"基础设施的形式与布局方式有着巨大的差异，由此带来了村庄风貌与村庄形态特征的显著差异。同处于半湿润区内，严寒地区、寒冷地区、夏热冬冷地区的乡村空间与水基础设施的营建方式又存在明显的不同。本书研究范围限定为半湿润地区与寒冷地区交汇的山东地区，因此，部分基础设施虽然具有多方面优势，但受限于特定区域的自然条件与社会条件因素，因而不具有良好的适应性，故不包含在归纳范围内（表 3-5）。

乡村"涉水"基础设施汇总表   表3-5

设施	类别	适应性	图片	功能	特点
水井	供给	●		提供生活用水，公共水井周边经常会成为乡村的公共活动空间	建造技术简单，成本较低，地下水水质一般较好，适用于大多数地区
泉池	供给	▲		提供生活用水，具有良好的景观效果，周边一般会成为乡村的公共活动空间	泉水形成的地点较为随机，且水量受季节影响较大
蓄水池	供给 收集	●		收集雨水，提供生活用水以及防火用水	建造技术简单，是干旱季节生活水源的重要补充
水窖	供给 收集	▲		在雨季进行雨水收集，用作旱季的生活用水，是很好的雨水调蓄设施	主要分布于严重缺水地区，对洁净度要求较高，大多应用了简易的净化措施
渗井	供给 收集	□		用于雨季排水以及储藏雨水，平时提供生活用水	主要位于黄土高原的地坑院中，过滤收集雨污水，供缺水季节使用
池塘	供给 收集 处理	●		提供生活用水，旱季蓄水，洪涝时缓冲排洪，用于灌溉、污水处理，并且可当作景观	适应性强，是许多村落的景观，周边多形成公共活动空间
基塘	收集 处理	□		主要位于南方，塘内养鱼，塘基上种植各种作物	是一种基于资源循环利用的生态农业模式
堰塘	供给 收集 处理	▲		收集村落中的雨水和生活污水，利用其中的鱼鸭和水生植物对污水进行处理	多见于黔东南地区，对资源进行循环利用，对维持村落的生态平衡有重要作用

续表

设施	类别	适应性	图片	功能	特点
涝池	供给 收集	□		建在村内地势低洼处，用来防洪蓄水，周边被树木围绕，是乡村重要的景观和公共空间	多见于陕西黄土高原地区，是村内重要的水源补给和景观
水库	供给	▲		主要用于拦洪蓄水和调节水量	村落周边水库大多尺度较小，对保持村内水量的平衡有重要作用
河流	供给 传输	●		是乡村重要的水源，为整个村落提供生活用水和农田灌溉用水，同时也是排水的渠道	对村落的形态和结构有重要影响
农田	处理	●		除了可以为乡村提供作物之外，还可以对村内的污水进行过滤和净化	村落赖以生存的基础，是维系村落系统资源循环流动的重要节点
梯田	处理	□		除了具有生产功能之外，还具有对上游污水过滤净化的作用	位于村寨外围的下游区域，多是生活区与河流之间的过渡
坎儿井	供给 传输	□		新疆干旱少雨，居民利用天山周边地下水资源丰富、地面坡降大的特点，把地下水引上地面，形成人工自流灌溉	新疆地区特有的水利设施，是人们应对恶劣生存环境的智慧创造
三眼井	供给	▲		靠近出水口为头井，用于食饮水；头井水流至第二井，用于洗菜；第二井之水又流至第三井，供洗涤衣物	仅仅利用地势与高差就可以进行水的循环利用
沟渠	传输 处理	●		主要承担雨水和污水的排放	分为明沟和暗渠：明沟附近的雨污水可以直接汇入，暗渠附近的雨污水则需要通过特定位置的入水口汇入

续表

设施	类别	适应性	图片	功能	特点
管道	传输	●		供水管输送生活用水，排水管排出生活污水	压力流服从重力自流类设施为重要设计原则
化粪池	处理	●		利用沉淀和厌氧微生物发酵的原理，对粪便污水和生活污水进行净化处理	乡村分散式污水处理的重要组成部分
厌氧生物膜池	处理	▲		通过在厌氧池内填充生物填料来达到处理污水的目的	有一定技术难度，投资较高，适合规模较大的村落
生物接触氧化池	处理	●		是生物膜法的一种，通过填料上附着生长的生物膜去除污水中的污染物	有一定技术难度，投资较高，适合规模较大的村落
人工湿地	收集处理	●		主要由土壤基质、水生植物和微生物三部分组成的半生态型污水处理系统	工艺简单，处理效率高，成本较低，适应性强，占地较大，具有很好的景观效果
稳定塘	收集处理	●		利用水体的自净能力处理污水的生物处理设施	可利用村落现有池塘和洼地改造，成本较低，但占地面积较大
污水净化沼气池	处理	●		采用厌氧发酵技术和生物过滤技术相结合的方法，对生活污水进行净化处理	是在传统化粪池和沼气池基础上的创新，大大提高了对污水的处理效率
生态滤池	处理	▲		由人工填料形成的生物膜和水生植物形成的微型生态系统来进行污水净化	处理效率较高，景观效果好，但对环境要求较高

续表

设施	类别	适应性	图片	功能	特点
生物滤池	处理	▲		主要去除污水中的悬浮物、有机物、氨氮等污染物	工艺较为复杂，成本较高，适用于较大的村落
普通曝气池	处理	▲		用于污水处理，可以同时实现对污水中多种物质的去除	工艺较为复杂，成本较高，适用于较大的村落，冬季水温较低时，会降低其运行效率
氧化沟	处理	▲		普通曝气池法的一种改进，提高了处理污水的效率	工艺较为复杂，成本较高，冬季温度在0℃以下的寒冷地区，需要采取保温措施
序批式生物反应器	处理	▲		主要用于污水处理，可集进水、曝气、沉淀和出水于一池中完成	工艺较为复杂，成本较高，适用于较大的村落
土地渗滤	处理	●		将污水排放到土地上，通过土壤和植物形成的系统，对污水进行净化处理	工艺较为简单，建设成本较低，但后期管理较为复杂
生物浮岛	处理	▲		主要用于去除污水中的悬浮物、有机物和氨氮等污染物	位于水中，受季节影响较大，适用于水系发达地区的乡村

注：●适应性较好，▲适应性一般，□适应性较差

　　本书对于乡村"涉水"基础设施的归纳，尽可能包含所有乡村传统治水设施和现代污水处理技术，但并不意味着所归纳的水基础设施适合山东地区所有乡村的情况。对于不同类型的乡村水系统循环模式，各类"涉水"基础设施的适应性存在一定差距，应结合乡村实际情况讨论。这里结合上文所归纳的村镇联动、多村并联、单村独立、多样综合四种乡村水系统循环模式，按照各个"涉水"设施适应性的三个层级来进行梳理与归纳（表3-6）。

表 3-6

"涉水"基础设施对不同类型乡村适应性分类

乡村水系统设施 乡村水系统循环模式	供给子系统				收集子系统				处理子系统											传输子系统		
	水井	泉池	水管	水库	蓄水池	堰塘	梯田	稳定塘	化粪池	氧化沟	生物接触氧化池	厌氧生物膜池	污水净化沼气池	活性污泥曝气池	生物滤池	人工湿地	SBR	土地渗透	生物浮岛	排水沟渠	给水排水管道	河流
村镇联动型	□	▲	□	□	●	●	▲	●	▲	▲	□	□	●	□	□	▲	□	□	□	▲	●	●
多村并联型	▲	▲	□	●	●	▲	▲	●	▲	▲	●	▲	●	●	●	▲	●	●	▲	●	▲	●
单村独立型	●	●	●	▲	●	●	●	●	●	●	□	□	●	□	●	●	●	●	□	●	●	●
多样综合型	●	▲	▲	●	●	●	▲	●	●	●	▲	▲	▲	▲	▲	●	●	●	▲	●	●	●

注：●适应性较好，▲适应性一般，□适应性较差

3.5.4 "涉水"基础设施空间规模量化

考虑到乡村"涉水"基础设施的技术复杂，在山东地区乡村水系统的设计研究中，有必要对众多"涉水"基础设施进行空间层面的量化。在乡村水循环体系中，乡村污水排放量是乡村水基础设施空间规模的决定性因素，不同的水基础设施自身处理性能的差异使得其在空间落位上有着不同的需求。同时，山东区域内各个乡村的污水排量还与居民的卫生设施水平、用水习惯、排水系统完善程度等因素有很大关系，例如受村民生活习惯的影响，有一部分使用过后仍然比较清洁的水被直接再利用，没有排入下水道（表3-7）。因此，很难直接确定山东地区乡村污水的具体排量，这对于"涉水"基础设施空间规模的确定造成了很大影响，从空间层面上对"涉水"基础设施的直接量化具有很大的难度。

华北地区农村居民生活排水量参考取值　　　　　　　　　　表3-7

排水收集特点	排水系数
全部生活污水混合收集进入污水管网	0.8
只收集全部灰水进入污水管网	0.5
只收集部分混合生活污水进入污水管网	0.4
只收集部分灰水进入污水管道	0.2

表格来源:《村镇供水工程技术规范》SL310-2004

鉴于这种情况，笔者对半湿润地区与寒冷地区交汇的山东地区乡村"涉水"基础设施进行梳理与整合，将水基础设施技术体系整理成表格，并使其具备了工具箱式的实用性特征。该工具箱式表格中，除了涵盖山东地区乡村众多"涉水"基础设施核心部分的技术工艺以外，还应该具备良好的实用性。这便要求表格中所展现的内容不仅要简洁明了，以便于读者快速查阅所需内容，而且各"涉水"基础设施的技术工艺数据不宜过于专业化，应有助于后期使用者更好地理解、参考。同时，技术工艺的核心参数应该注重对空间层面的量化与对资源代谢的计算。

在构建工具箱表格时，笔者发现有一部分"涉水"基础设施在运行中承担着多种职能，很难统一归类，因此，在表格中将主要职能列在第一位，次要职能列于第二位。对于同种功能不同类型的设施，按类型并列排序，以便于读者进行相互间的比较与选用（表3-8）。

半湿润寒冷地区山东乡村水基础设施工具箱表格　　　　　　表3-8

功能	技术名称	技术工艺参考	备注
处理收集	化粪池	·可广泛应用于农村生活污水的初级处理。 ·化粪池污水量 ≤ 10m³/d，首选两格化粪池；若化粪池污水量 > 10m³/d，一般设计为三格化粪池；若化粪池污水量 > 50m³/d，宜设两个并联的化粪池。 ·化粪池容积最小不宜小于2.0m³。 ·H（深度）≥ 1.3m，L（池长）≥ 1m，b（宽度）≥ 0.75m	需定期进行清理，且出水水质差，一般不能直接排放

功能	技术名称		技术工艺参考	备注
处理 收集	污水净化沼气池		·适用于一家一户或联户的分散处理,如果有畜禽、种植等产业,可形成适合不同产业结构的沼气利用模式。 ·污水净化沼气池分合流型和分流型。合流型污水滞留期为 3~5 天;I 池污水滞留期为 30~40 天,II 池污水滞留期为 3~4 天。 ·产气率一般按池容产气率 0.05m³/(m³·d)计算。 ·单户使用的生活污水净化沼气池池容为 30m³	污水净化沼气池需由专人管理
处理	生态浮岛		·单体面积:2~5m²。 ·覆盖水面的 25%~30%。 ·污水深度处理:10m²/m³ 污水。 ·景观浮岛:10°~20° 视角范围布设	工艺复杂,不适合小水量处理
处理	序批式生物反应器(SBR)		·适用于污水量小、间歇排放、出水水质要求较高的地方。 ·占地很少,形状以矩形为主,池宽与池长之比大约为 1:1~1:2,水深 4~6m,安全高度为 0.5m。 ·当最大日流量 ≤ 500m³/d 时,可设置单池塘运行,否则考虑多池运行	控制系统的复杂性较高
处理	生物接触氧化池		·规模可大可小,可建造成单户、多户污水处理设施及村落污水处理站。 ·单户:池体设计尺寸一般为底面积 0.3~0.5m²,池高 1.0~1.5m,填料层高度 0.6~1.0m。 ·多户:池体设计尺寸一般为底面积 2.0~4.0m²,池高 1.2~1.8m,填料层高度 0.8~1.3m。 ·村落:池体设计尺寸一般为底面积 10~15m²,池高 2.5~3.0m,填料层高度 1.8~2.2m。 ·池体底面多采用矩形或方形,长与宽之比应该在 2:1~1:1 之间	建设费用增高,可调控性差,对磷的处理效果较差
处理 收集	人工的湿地	表流湿地	·适合在资金短缺、土地面积相对丰富的农村地区应用,可以治理农村水污染,保护水环境,还可以美化环境,节约水资源。 ·人工湿地系统的坡度宜为 0.5%~1%,长宽比应大于 2,深度的波动范围为 0.2~1.2m。 ·$A=(Q_{污水量}+Q_{径流量})/q$ 式中:A——湿地的最大占地面积; q——水力负荷(10~20cm·d⁻¹)。	占地面积大,设计不当容易堵塞,处理效果受季节影响
		潜流湿地	·表流人工湿地水位一般为 20~80cm,潜流人工湿地水位一般保持在土壤表面下方 10~30cm,并根据待处理的污水水量等情况进行调节	
处理	土地处理系统	慢速渗滤系统	·土壤渗透系数为 0.036~0.36m/d,地面坡度小于 30%,土层深度大于 0.6m,地下水位大于 1.2m	存在污染地下水的可能。 占地面积大,处理效果不稳定,自然因素影响大
		快速渗滤系统	·土壤渗透系数为 0.45~0.6m/d,地面坡度小于 15%,以防止污水下渗不足,土层厚度大于 1.5m,渗透性能好;地下水深 2.5m 以上,地面坡度小于 10%	
		地下渗滤系统	·地下布水管最大埋深不超过 1.5m,污水投配到距地面约 0.5m 深。 ·通常需要对原土进行再改良,提高渗透率至 0.15~5.0cm/h。土层厚度大于 0.6m,地面坡度小于 15%,地下水埋深大于 1.0m	

功能	技术名称		技术工艺参考	备注
处理	稳定塘		·适用于土地面积相对丰富的山东地区乡村。 ·稳定塘系统可由多塘组成，多级塘系统中，单塘面积不宜大于2000m²，当单塘面积大于800m²时，应设置导流墙	负荷低，污水进入前需进行预处理，占地面积大
处理	曝气池	普通曝气池	·冬季水温在6~10℃、短时间为4~6℃的区域。 ·结合设备需求计算面积	运行管理难度大，运行费用高，不适合小水量处理
		氧化沟	·冬季温度在0℃以下的寒冷地区，需要地埋保暖措施或建设于室内。 ·沟内平均流速应在0.3m/s以上	
传输	管道	给水管	·充分利用地形条件，优先采用重力输水。 ·宜沿现有道路或规划道路路边布置，干管应以较短的距离引向建筑。 ·与建筑基础和围墙基础的水平净距宜大于1.0m，与污水管的水平净距宜大于1.5m	需结合乡村用水排水需求，估算管径大小，且管道按重力管避让自流管原则布置
		排水管	·依据地形坡度铺设，坡度不应小于0.3%，以满足污水重力自流的要求。 ·应埋深在冻土层以下，与建筑外墙、树木中心间隔1.5m以上。 ·根据人口数和污水总量，估算所需管径，最小管径不小于150mm	
传输收集	沟渠		·应结合地形进行布置。 ·纵坡应不小于0.3%。 ·最小设计流速满流时不宜小于0.6m/s。 ·宽度不宜小于15mm，深度不宜小于120mm	沟渠分为明沟和暗沟两种，结合需要合理选择
供给收集	蓄水池		·$V=K_2WT/12$ 式中：V——蓄水池容积（m³）； K_2——容积利用系数，1.2~1.4； W——年用水量（m³/a）； T——每年干旱月数（月）。 ·在寒冷地区，最高设计水位应低于冰冻线。 ·收集的雨水在流入蓄水设施前，应进行净化，如设置沉淀池	蓄水池优先布置在地势较高处
供给	水井		·井口应设置井台和井盖，井台应高出井口100~200mm。 ·沿坡向设置排水沟，如排水无出路，需在排水沟末端建造渗水坑。 ·水井周边30m范围内不得设置厕所、渗水坑、垃圾堆和禽畜圈等污染源	进行防污渗透处理，保持水质

表格来源：《华北地区农村生活污水处理技术指南》

　　在山东地区乡村水系统构建过程中，确定乡村内居民人口的规模与生产生活实际情况，通过统计人均每天产生的污水量，就可以大致掌握该村日均产生的污水总量。借助工具箱表格所罗列的技术项，有针对性地选择一种或多种适用于当地生产、生活代谢条件的污水处理设施，结合工具箱表格中所对应的数据，可以基本确定乡村"涉水"基础设施规模，有空间依据的进行乡村空间调整与规划。

3.6 本章小结

本章结合上一章节中对代谢平衡理论、可持续水资源利用相关理论、绿色基础设施理论等理论研究的梳理，结合乡村传统水循环智慧，基于"代谢循环"的理念提出了乡村水系统的概念，重点阐述了乡村水系统的概念与内涵、构成要素与结构、层级与特征以及其对于乡村空间的综合效能，并结合上述研究，对半湿润区与寒冷地区交汇的山东地区乡村水资源、水系统循环模式、"涉水"基础设施类型及空间规模量化进行了初步的探讨研究，为后两章对水系统空间植入与空间组织模式的研究提供了设计依据。

4

山东地区乡村
水系统空间植入

本章主要从水系统空间植入对乡村空间的需求、不同产业类型乡村水系统运行模式、乡村"涉水"基础设施选取影响因素与空间设计依据以及水系统设施在不同空间尺度下的植入方式四个方面，探索山东地区乡村水系统空间植入形式，为第 5 章水系统空间组织模式研究提供基础。

4.1　水系统空间植入对乡村空间的要求

乡村水系统各子系统的空间植入多以重力自流为主要营建原则，而构成各子系统的"涉水"基础设施又是乡村空间的重要组成部分，在落位过程中，与乡村建设空间、用地规模有着密切联系，因此，乡村水系统空间植入对乡村空间的要求主要体现在地形地势、用地规模、建筑空间三个方面。

4.1.1　水系统空间对地形地势的要求

乡村水系统对地形地势的要求主要表征在两个方面：一方面是乡村内主要排水方向上满足重力自流的高度需求。根据我国现有《村镇排水工程技术规程》的规定，满足重力自流的排水坡度一般在 0.3% ~ 8% 之间，因此，乡村水系统的构建过程中，在主排水方向（生活污水、雨水等）上应该满足 0.3% ~ 8% 的排水坡度要求。另一方面，乡村水系统对地形地势的要求还表现在乡村选取的"涉水"基础设施本身的空间落位对地形地势的需求上。山东地区覆盖范围广阔，乡村类型多样，乡村水系统构建过程中，需要结合乡村自身发展与现状需求选取适宜的"涉水"基础设施，以达到水系统空间的最佳成效。考虑到我国当前的乡村经济与发展现状，单纯依靠机械动力实现水体流动的投入成本太高，因此不同的"涉水"基础设施在相互组合过程中更多地考虑采用重力自流作为主要营建原则，乡村的生活生产污水在不同设施中逐层净化，最终达到排放标准后外排，以实现水资源的循环利用。例如人工湿地处理系统中，沉沙池与表流湿地的高差应该控制在 0.3m 以下，坡度在 0.3% ~ 2% 之间，表流人工湿地自身坡度宜为 0.5% ~ 1%，长宽比应大于 2（图 4-1）。

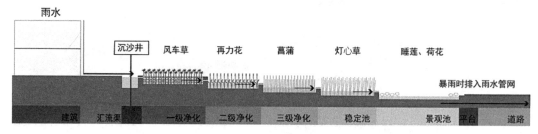

图 4-1　人工湿地示意图

图片来源：傅英斌. 聚水而乐：基于生态示范的乡村公共空间修复——广州莲麻村生态雨水花园设计 [J]. 建筑学报，2016（8）：101-103.

4.1.2　水系统空间对用地规模的要求

水系统空间构建对用地规模的要求主要涉及两个方面的内容：一是乡村水系统中各个子系统的"涉水"基础设施规模对乡村用地的要求；二是水系统设施空间落位对乡村用地范围的要求。

1."涉水"基础设施规模要求

乡村水系统中"涉水"基础设施规模的确定与乡村污水排放量和降水量有着密切的联系。污水排放量方面，由于山东乡村的经济发展程度不同以及用水习惯、排水系统完善程度等存在差异，乡村的用水量和排水量都存在很大差异，一般需经过长期调研统计，很难直接确认。这里，我们假设整合水系统的乡村最终都实现了生活污水全部进入污水管网之中，则参照表3-7可知，乡村排水系数为0.8，再根据《农村生活污水处理规范》，对于乡村给水、排水、卫生设备及有无淋浴设备进行判定，可得出乡村居民生活用水量取值范围，最终结合山东省发布的《农村生活污水处理处置设施水污染排放标准》进行乡村水系统初步设计与规划。当然，在实际设计过程中，以具体调研数据以及乡村发展规划的需求为准，在无法现场调研的情况下，可依据上述参数为参考取值。

降水方面，山东属于暖温带季风气候，降雨集中，降雨季节分布很不均匀，全年降水的60%集中在夏季，易形成涝灾。季节性降雨不均导致蓄水池、氧化塘、生态沟渠、人工湿地等"涉水"基础设施规模难以确定，既容易规模过大，造成资源与经济的浪费，又容易规模过小，形成内涝。同时，山东地区夏季多雨，冬、春及晚秋易旱，如何通过乡村水系统空间设计实现水资源的储蓄与地下水的补给，成为乡村水系统构建的又一难点。

2.乡村用地范围的要求

用地范围的需求主要体现为乡村水系统中众多"涉水"基础设施落位对乡村用地范围的需求，主要涉及乡村用地性质和乡村用地权属两个方面的内容。

一方面，乡村水系统空间落位时要考虑到乡村用地性质的划分。国家根据一定时期人口和社会经济发展对农产品的需求，为每个乡村划定基本农田用地，依据我国土地利用总体规划文件的规定：基本农田属于不可侵占用地，不得进行任何设施建设，因此乡村水系统中"涉水"基础设施的建设仅能在一般农田范围内进行。"涉水"基础设施在空间落位时需考虑乡村用地属性问题，可考虑结合乡村预留发展建设用地或乡村集体用地设计。

另一方面，乡村水系统空间落位时还涉及乡村用地权属问题，主要方面有三：一是山东地区乡村土地产权关系复杂，土地产权单位众多且较为分散，没有明确的边界范围，对乡村进行水系统整合设计时存在一定难度。二是土地的经济效益逐渐受到重视。随着山东乡村建设的发展和土地政策改革的不断推进，乡村土地的经济效益逐渐凸显，成为乡村居民经济收入的重要来源之一，使得村民对土地的珍视程度不断提高。三是根据我国土地管理法的规定，对于村集体用地可收回以用于公共设施和公益事业的建设，但是在收回土地时应当给予被回收者一定的补偿。然而，山东省对于该类补偿缺乏明确的标准，使得乡村土地产权回收工作难以推进。

对于乡村用地权属的协调可以从两方面入手。

一方面，通过政府协调，实现乡村土地合并集约化利用；由政府领头协商，将村内分散用地通过置换、有偿退出等方式合并利用，以满足水系统空间植入对用地的需求。如日本乡村早期也面临乡村土地散乱、土地利用率低的问题，政府在土地整治过程中推行"土地合并"政策，在保证所有权无变动的前提下，通过置换合并的方式将土地集中利用，以便于后期协调和重大设施的建设（图4-2）。

另一方面，乡村空闲宅基地退出再利用。农村土地利用中，存在部分空闲宅基地，而这些空闲宅基地的存在造成了土地资源的浪费，可通过"异地市民化＋货币补偿""农村社区城镇化＋实物补偿"等多种宅基地退出模式，实现对宅基地的有效利用（郭艳梅，2017）。

当然，乡村用地权属协调过程中还涉及完善法律法规、建立补偿机制、加强村民参与及建立多元化协调模式等多方面影响因素，需要根据实际情况进行进一步协调。

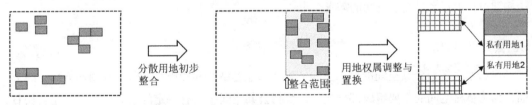

分散用地初步整合　用地权属调整与置换

私有用地1
私有用地2

图4-2　日本乡村土地合并示意图

图片来源：王宇，邵孝侯．日本农地合并中权属调整对我国农村土地集约利用的启示 [J]．水利经济，2009，27（2A）：16-18.

4.1.3　水系统空间对建设空间的需求

乡村水系统构建对乡村空间也具有一定的需求，表现在"涉水"基础设施空间植入过程中对乡村空间的影响上，主要涉及院落空间、交通空间、公共空间三个方面。

1．院落空间要求

山东地区乡村院落空间布局具有多样性，但其都是在传统四合院的基础上进行发展与演变的，具有一些共性特征。山东地区乡村民居基地平面多为长方形，由建筑与院落围合而成，以"间"为基本单位。多数乡村民居为一进院，主要由正房、厢房及其围合院落组成，大门的位置灵活，但多沿交通道路设置，厕所一般设置在角落，避免相互干扰。考虑到山东地区绝大部分乡村没有排水管网与污水处理设施，一般情况下，居民厨房和洗浴污水直接排入院内菜地或由院内

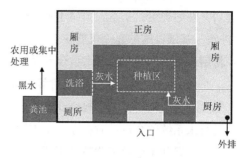

图4-3　山东乡村典型庭院污水排放示意图

排水口直接外排，厕所黑水则通过集粪池收集，用于农用或集中处理（图4-3）。

　　乡村水系统对于村庄排水的处理包括厨房、淋浴污水与厕所污水两部分，因此，生活污水收集的高效性与便捷性便是对乡村庭院空间布局的要求，考虑到管线布置与经济投入，要求厨厕空间尽量紧凑布局。

2. 交通空间要求

　　交通空间作为乡村空间的骨架，是乡村对外联系及内部各空间联系的纽带。在早期村落中，交通空间以软质垫层为主，除了具有连接功能以外，还兼具排水、控制地表径流等多方面效能。然而，山东多数乡村在建设发展过程中，乡村交通空间设计更注重通达性和道路工程，忽略了原始交通空间的其他效能。随着硬质铺地成为乡村道路的主要形式，乡村降雨在形成地表径流的过程中缺失了通过道路软质层下渗这一环节，从而增加了乡村原始排水系统的负担，影响了排水系统的正常运行，甚至有形成乡村内涝的可能。因此，乡村道路除了应在工程上满足排水需求以外，还应该具有一定的地表径流控制效果。在满足乡村交通功能需求的同时，重现乡村道路软质垫层，实现对乡村雨水地表径流速度的有效控制，是乡村水系统构建过程中对乡村交通空间的需求。

3. 公共空间要求

　　乡村水系统对公共空间的要求主要体现在绿色容纳空间和雨水回收再利用两方面。一方面，作为乡村空间的主要组成部分之一，乡村公共空间多具有一定的聚集性，以满足村民日常活动需求，因此该类空间多具备一定的规模和良好的景观环境，而乡村水系统对空间和景观的效能使得乡村"涉水"基础设施在空间落位中对乡村景观具有一定的增益效果，因此将两者结合设计，在满足乡村水处理需求的同时，可以改善乡村空间品质，创造更多的休憩空间，这便要求乡村公共空间具有一定的绿色容纳空间。另一方面，乡村雨水的收集与利用也多与乡村公共空间设计结合，因此，公共空间还应该具有一定的雨水回收储存能力，防止乡村内涝。

4.2　不同产业类型乡村水系统运行模式分析

　　半湿润区与寒冷区交汇的山东地区水资源较为匮乏，乡村经济以种植业与养殖业为主，

虽然随着乡村旅游业的兴起，部分乡村利用自身文化、景观资源逐渐形成了一定的旅游产业，但区域内乡村整体城镇化程度一般。从乡村产业的功能构成上看，山东地区乡村总体可以划分为以分散种植或养殖为主的乡村、以观光农业为主的乡村和以节水和资源回用为主的乡村三种类型，本节则主要对这三类乡村水系统处理模式进行研究。

4.2.1　以分散式种植或养殖为主的乡村水系统处理模式

山东地区乡村经济以种植业与养殖业为主，且多数乡村以分散式为主要运营模式，从而形成了大量以分散式种植或养殖为主的乡村类型。该类乡村污水来源除了村民日常生活污水以外，还包含了牲畜养殖废水和农作物废弃物垃圾两个部分，因此，乡村在污水处理上应多考虑结合相应产业特征，以实现乡村资源的有效利用。

针对分散式种植或养殖为主的乡村，污水净化沼气池是较适合的水处理工艺，其工艺流程如下：生活污水结合养殖废水与作物秸秆经由沼气池厌氧消化处理后，实现对污水净化的预处理，同时还能够获得一定的沼气和沼渣。沼气作为乡村清洁能源可重新回到村民庭院空间中，充当生活燃料，底部沼渣则可作为有机肥料，用于农业种植，从而提高农作物产量，改良土壤。而预处理后的污水则通过人工湿地、稳定塘等二次处理设施进一步处理后用于有机农业生产与灌溉，从而保证了资源的合理化利用（图4-4）。

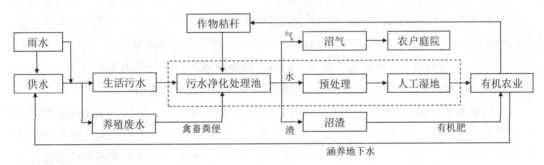

图4-4　以分散式种植或养殖为主的乡村水系统处理模式图
图片来源：夏训峰，齐北斗等. 农村环境综合整治与系统管理［M］. 北京：化学工业出版社，2019.

4.2.2　以观光农业为主的乡村水系统处理模式

观光农业是指把观光旅游与乡村农业相结合的一种旅游模式，其形式与类型多样，目前已形成较大规模，具有一定运行体系的观光农业主要有观光农园、农业公园、教育公园、森林公园和民俗观光村五大类。

山东地区乡村农业资源丰富，对于发展观光农业具有得天独厚的优势，随着观光旅游业的兴起，山东省开始逐步发展生态农业，特色生态果蔬、花卉等示范基地遍布全省，例如枣庄的冠世榴园名胜区、寿光的高科技蔬菜基地等都形成了独具特色的观光农业模式，从而吸引了一大批国内外游客，为乡村带来了良好的经济效益。

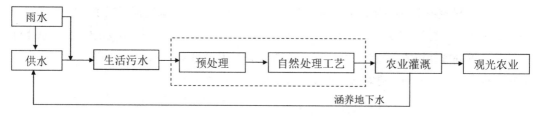

图 4-5 以观光农业为主的乡村水系统处理模式图
图片来源：夏训峰，齐北斗等. 农村环境综合整治与系统管理［M］. 北京：化学工业出版社，2019.

　　以观光农业为主的乡村在吸引大量游客、获得经济效益的同时，也给乡村带来了严重的水环境恶化问题。旅游民宿的大量引入使得乡村厨房污水、洗涤污水、厕所污水等日常生活污水大量增加，对于乡村整体环境产生重要影响，因此，乡村需合理组织污水处理模式，以实现乡村资源的可持续发展。考虑到以观光农业为主的乡村对景观和环境的高要求，乡村水系统中的污水处理设施应当以自然处理工艺为主，生活污水经过预处理后排入自然处理系统中，经过处理后出水用于农业灌溉，从而进一步推动观光农业的发展，形成产业的可持续发展（图 4-5）。

4.2.3　以节水和资源回用为主的乡村水系统处理模式

　　以节水和资源回用为主的乡村则主要指区域内水资源较为匮乏的乡村地区，山东地区水资源相对匮乏，且空间分布不均。从山东地区整体降水资源来看，鲁中、鲁南山地和东部沿海地区降雨资源丰富，乡村水资源储备较大；而鲁西、鲁北地区降雨量较小，部分区域年降雨量甚至低于 600mm，水资源极为匮乏。同时，季节性降雨特征使得山东地区春、秋、冬三季少雨，易形成干旱，因此，乡村对水资源的回收再利用具有很大的需求。

　　乡村对水资源的节约和回用主要集中在生活污水的再利用上，生活污水经污水处理设施处理后回归村民生活单元的利用循环中，从而形成水资源利用的闭合回路。该处理模式多以分散式处理为主，以一个院落或多个院落为一组基本单元，实现小范围内的水资源循环利用。"涉水"处理设施在选择上以低技低成本的生物处理基础设施为主，以降低资金投入成本，其中预处理单元可以采用沉淀池等常见处理设施，也可以采用化粪池、厌氧沼气池等预处理设施，生物处理单元可采用生物接触氧化法、普通曝气池法等污水处理技术（图 4-6）。

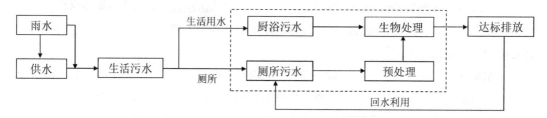

图 4-6 以节水和资源回用为主的乡村水系统处理模式图
图片来源：夏训峰，齐北斗等. 农村环境综合整治与系统管理［M］. 北京：化学工业出版社，2019.

4.3　乡村"涉水"基础设施选取的影响因素与空间设计依据

乡村"涉水"基础设施的合理选取是确保乡村水系统形成良性运行的重要条件，也是维持乡村水资源循环与可持续发展的基础。本节主要从技术、经济、空间、景观、社会五个维度对"涉水"基础设施进行分析，以满足不同乡村对"涉水"基础设施的要求。

4.3.1　乡村"涉水"基础设施选取的影响因素

1. 技术性因素——运行特征，植入适恰

在乡村水系统构建过程中，技术因素是乡村众多"涉水"基础设施功能最直接的表现形式，也是对"涉水"基础设施进行选取的主要因素之一。乡村"涉水"基础设施的技术性主要体现在设施的运行特征和空间植入的适恰率两个方面。

"涉水"基础设施运行特征是其自身区别于其他设施的重要因素，也是判别该设施的乡村适应性的重要因素。一方面，不同的"涉水"基础设施对乡村污水中污染物的去除有着不同的侧重，例如生物接触氧化池通过填料上附着的生物膜能够有效地去除污水中的悬浮物、有机物、氨氮、总氮等污染物质，但对于污水中的磷，去除效果较差，而序批式活性污泥法对污水的处理则具有较好的脱氮除磷的效果，且出水水质较高。另一方面，同种类型的"涉水"处理设施在不同模式下的处理效率也存在着差异。相关学者通过对多级垂直流人工湿地与单级水平流人工湿地的对比研究发现，在相同处理条件下，多级垂直流人工湿地不仅占地面积小，而且对于 COD、$NH^-+\_4\text{-}N$ 和 TP 的处理效果均优于水平流人工湿地，但对于场地高差具有一定的需求。好氧塘、兼性塘等不同类型的稳定塘对于乡村污水的处理也存在着不同的效果。

"涉水"基础设施的适恰率则主要表现在众多"涉水"基础设施对乡村自然环境的适应性上。山东省地域辽阔，使得区域内乡村地理位置存在明显差异，这在很大程度上影响了"涉水"基础设施的选择。例如平原地区水系发达区域的乡村可多结合水系空间设置氧化池或人工湿地等设施，不仅能实现对雨水、污水的收集处理，同时可有效降低成本。地形地貌方面，半湿润区与寒冷地区交汇的山东地区乡村总体可以分为平原、山地、丘陵三种类型，不同地貌特征对"涉水"基础设施的选择产生不同影响。例如山地、丘陵区域乡村污水处理多考虑对高差的利用，适宜采用垂直流湿地、阶梯式接触氧化池等无动力阶梯式污水处理工艺，而在平原乡村则难以普及。气候条件方面，山东地区冬季气候寒冷，部分污水处理设施中植物、微生物的活性将受到抑制，从而影响污水处理效率，部分设施甚至在冬季停止运行，因此在选择对温度敏感的污水处理设施时需慎重考虑，例如蚯蚓生态滤池技术，考虑到蚯蚓有冬眠与夏眠的习性，容易造成污水处理效率波动较大，因此除了有特殊需求的乡村外，很少在山东地区乡村采用。由此可见，乡村"涉水"基础设施的选取须充分考虑设施的适应性，以保证设施的有效运行。

2. 经济性因素——投入节约，经济价值

随着我国乡村建设发展的不断推进，乡村经济发展速度逐步提升，但较城市经济发展而

言，乡村经济整体发展依旧较为缓慢，因此，经济性因素对乡村"涉水"基础设施的选择有着很大的影响。乡村"涉水"基础设施的经济性因素主要表现为两个方面：一方面是被选取的"涉水"设施自身的建设投资成本与维护管理的节约度，另一方面则是"涉水"基础设施自身具备的经济价值。

乡村水系统在构建过程中往往会面临多方面要求，从而产生种种矛盾，因此在协调各方要求的基础上选取一种适合乡村"三生"发展需求的"涉水"基础设施，是乡村水系统构建的关键，在提升乡村生产、生活、生态水平和降低水基础设施建设投入与运营成本之前寻求一种平衡，以满足乡村发展的需求。不同的"涉水"基础设施在建造和运行过程中的资金投入存在较大差异，且与"涉水"基础设施规模有着一定的联系，例如人工湿地具有低投入、低运行成本等特征，但在设施落位中占地面积较大，而生物接触氧化池占地面积较小，但单位污水量处理的总体投入较高。因此，不同乡村应结合自身用地与经济情况合理地进行选择，以平衡各方面的需求。

乡村"涉水"基础设施在承担相应职能的同时，其自身也具有一定的经济价值。目前我国推行的乡村污水处理设施多以自然生物技术为主，水生植物的引入不仅能够有效处理污水中的有机物，还能在一定程度上增加乡村经济收入，同时对美化乡村环境也具有一定的效益。结合相关研究可知，适合于山东地区乡村污水处理的水生植物主要有莲藕、香蒲、慈姑、灯心草、水芹、美人蕉、水葱、睡莲、再力花、芦苇、豆瓣菜等。其中，香蒲、再力花、灯心草等在山东具有主要产地；水葱、灯心草、水芹、芦苇具有一定的药用价值；莲藕、慈姑、水芹、豆瓣菜则具有很好的食用价值。因此，对于乡村"涉水"基础设施的选取应充分考虑水生植物的经济性因素，综合各项经济投入进行合理选择，以降低对乡村经济的压力。

3. 空间性因素——规模适宜，开放连接

乡村水系统中众多"涉水"基础设施作为乡村空间的组成部分之一，具有一定的空间性，其空间属性主要表现在两个方面，一方面，乡村"涉水"基础设施由于自身构成与运行方式的不同，设施落位时占地规模具有一定的差异。在相同单位污水处理量的情况下，乡村水系统中稳定塘、人工湿地和土地处理系统等生态处理单元的占地规模一般远大于生物接触氧化池、氧化沟等生物处理单元设施，同时，同类型的设施在不同运行模式下的占地需求也存在差异，如在人工湿地系统中，潜流人工湿地占地面积比表流人工湿地占地面积小，因此在"涉水"基础设施的选择上需结合乡村用地条件和污水处理量对设施规模进行合理选择。

另一方面，乡村"涉水"基础设施的空间性也体现在其对周围空间产生的影响上。乡村"涉水"基础设施在空间落位时对乡村现有空间有着直接或间接影响，在一定程度上影响着乡村空间布局。山东地区乡村"涉水"基础设施在空间植入过程中需考虑到与乡村空间的融合，部分设施在落位时与乡村现有水空间相互结合，或对现有池塘等空间进行改造设计，在保证乡村重塑水循环的基础上，改善乡村空间品质，形成公共节点空间，从而增加村民活动休憩的空间，在满足村民生活、娱乐需求的同时，也保持乡村空间的整体性与美观性。如山东日照的小草坡村，结合现有闲置池塘改造形成了"稳定塘＋人工湿地"处理模式，不仅实

现了对乡村生活污水接近100%的处理，而且莲藕、再力花等水生植物的引入也改善了乡村现有环境品质，形成了小草坡村新的活动空间。

4. 景观性因素——景观渗透，生态共享

乡村水系统与城市水系统最显著的区别在于前者与乡村景观的密切联系性。在半湿润区与寒冷区交汇的山东地区乡村的景观框架中，水景观占据着很大的比例，而与水相关的乡村水系统也是乡村景观的重要组成部分之一，因此，乡村"涉水"基础设施在选取时除了考虑技术性、经济性等显性因素外，还需考虑到设施对乡村景观的影响。当前世界各地采用的"绿色水基础设施""景观基础设施"等，都对"涉水"基础设施的景观性提出了要求。乡村"涉水"基础设施最靠近村民生活空间，与乡村的生产生活有着紧密联系，其景观价值对于改善乡村风貌有着直接作用。同时，生态沟渠、稳定塘、人工湿地等设施对于维持乡村风貌、保护乡村物种多样性都有着较好的促进作用。因此，景观性因素对于"涉水"基础设施的选取有着不可或缺的影响。

5. 社会性因素——塑造文化，多元发展

"涉水"基础设施的社会性因素主要表现为其自身的复合功能，乡村水系统的构建打破了以往乡村"涉水"基础设施过度关注技术指标、空间功能单一的局面，强调了其与乡村空间、景观、经济、环境等方面的联系性，在解决乡村用水治水所面临问题的同时，还赋予了乡村空间一定的文化体验、休闲娱乐、宣传教育等功能，结合乡村当地文化元素塑造乡村特色文化空间，从而形成了乡村产业与建设的多元化的发展趋势。因此，"涉水"基础设施的选取除了满足必要的技术条件以外，还需要考虑其对乡村建设发展的影响。如南京桦墅村在美丽乡村规划中结合乡村旅游度假产业的发展需求，采用"厌氧塘+好氧塘+人工湿地"的多塘污水处理系统，将村庄内部河道、明沟、水塘等水空间连成一体，结合芦苇、香蒲、垂柳、水杉的引入，形成了生态、灵动的优美水景，丰富了乡村的景观体系，吸引了人流，提升了乡村空间品质与经济效益，有利于乡村创造多元化业态空间，从而提升乡村的主体地位，唤醒村民对乡村生态的保护意识，引导乡村实现良性建设与发展。

4.3.2 主要"涉水"基础设施空间设计依据

1. 水井

水井是以地下水为水源，采用人工提水或微型潜水泵等设备提水的一种供水设施，主要由水源井、井台、提水设备和排水沟等部分组成，一般建在庭院内或离住户较近的地方（表4-1）。

2. 泉池

泉池是以山泉水或地下泉水为水源建造的分散式供水设施，适用于泉水资源丰富的地区。泉池一般可以分为两种：一种是分别建设集水井与泉池，依靠集水井集取泉水，泉池仅起贮存泉水的作用；另外一种是不建集水井，依靠泉池一侧池壁集取泉水（表4-2）。

水井空间设计依据	表4-1

设计要点

（1）水井密度要根据取水距离、用水量等合理确定；

（2）井口应设置井台和井盖，井台应高出井口 100～200mm；

（3）沿坡向设置排水沟，如排水无出路，需在排水沟末端建造渗水坑；

（4）水井周边 30m 范围内不得设置厕所、渗水坑、垃圾堆和禽畜圈等污染源

空间植入方式

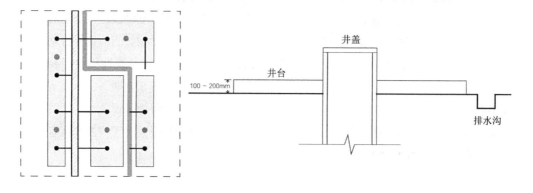

泉池空间设计依据	表4-2

设计要点

（1）泉池进口、门槛应高出地面 0.1～0.2m；

（2）泉池周围应做不透水层，并按要求以一定坡度、坡向设置排水沟，以便排水；

（3）泉池容积可按最高日用水量的 20%～50% 计算

空间植入方式

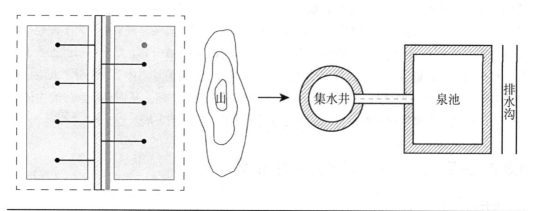

3. 蓄水池

　　蓄水池用以收集、贮存雨水，以满足干旱缺水期间生活用水的需要。蓄水池可以分为三种形式：地下式、半地下式和地面式。可以用钢筋混凝土建造，也可用砖、石砌筑而成（表4-3）。

蓄水池空间设计依据　　　　　　　　　表4-3

设计要点	计算方法
（1）在寒冷地区，最高设计水位应低于冰冻线； （2）收集的雨水在流入蓄水设施前，应进行净化，如设置沉淀池； （3）需设置排水沟，排出溢流的雨水	$V=K_2\dfrac{W}{12}T$ 式中：V——蓄水池容积（m^3）； 　　　K_2——容积利用系数，1.2~1.4； 　　　W——年用水量（m^3/a）； 　　　T——每年干旱月数（月）

空间植入方式

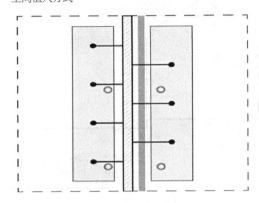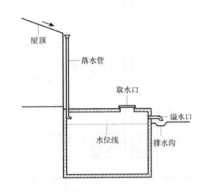

4．管道

　　管道一般埋于地下，用于生活、生产用水的输送和污水的传输，可以分为给水管道和污水管道两种，由于承担的功能不同，空间设计依据也有所差别（表4-4、表4-5）。

污水管道空间设计依据　　　　　　　　　表4-4

设计要点：
（1）依据地形坡度铺设，坡度不应小于0.3%，以满足污水重力自流的要求；
（2）应埋深在冻土层以下，与建筑外墙、树木中心间隔1.5m以上；
（3）根据人口数和污水总量，估算所需管径，最小管径不小于150mm

空间植入方式

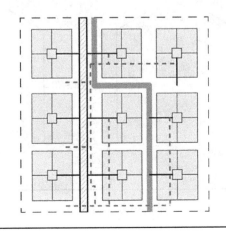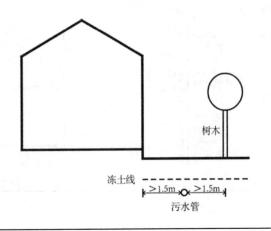

给水管道空间设计依据　　　　表4-5

设计要点：
（1）应选择较短的线路，尽可能避免急转弯、较大的起伏和穿越不良地质地段；
（2）充分利用地形条件，优先采用重力输水；
（3）规模较小的村庄，可布置成树枝状管网；规模较大的村庄，有条件时，宜布置成环状或环状与树枝状结合的管网；
（4）宜沿现有道路或规划道路路边布置，干管应以较短的距离引向用水大户；
（5）与建筑基础和围墙基础的水平净距宜大于1.0m，与污水管的水平净距宜大于1.5m

空间植入方式

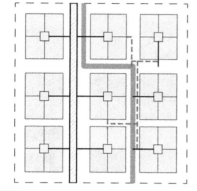

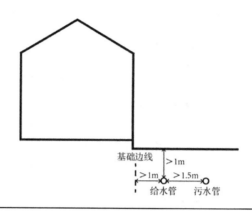

5. 沟渠

由于在乡村布置管道施工难度较大，且投资较多，因此可以利用沟渠来进行雨水和净化后污水的排放。根据实际情况的需求，可以采用明沟或者暗渠的形式（表4-6）。

沟渠空间设计依据　　　　表4-6

沟渠示意图	设计要点
三角沟　梯形沟　矩形沟　浅碟沟	（1）应结合地形进行布置； （2）纵坡应不小于0.3%； （3）最小设计流速满流时不宜小于0.6m/s； （4）宽度不宜小于150mm，深度不宜小于120mm

空间植入方式

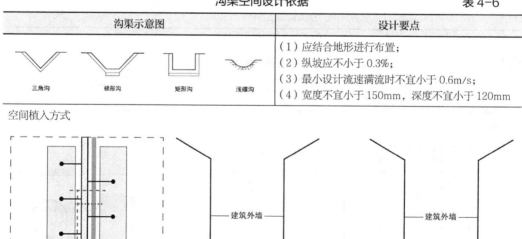

6. 化粪池

化粪池是一种利用沉淀和厌氧微生物发酵的原理，以去除粪便污水或其他生活污水中的悬浮物、有机物和病原微生物为主要目的的小型污水初级处理构筑物。污水通过化粪池可以去除大部分的悬浮物，有效防止污水管道被堵塞，也可以降低后续处理设施的负荷。但是化粪池对其他物质的处理作用比较有限，出水水质较差，一般不能直接排放到水体中，需要经过后续的污水处理设施进一步处理。化粪池需要进行定期清掏，以保证进出水的畅通，清掏出的污泥可以作为农田的肥料来使用（表4-7）。

化粪池空间设计依据   表4-7

化粪池示意图	计算方法
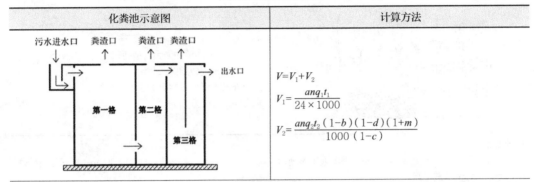	$V = V_1 + V_2$ $V_1 = \dfrac{anq_1t_1}{24 \times 1000}$ $V_2 = \dfrac{anq_2t_2(1-b)(1-d)(1+m)}{1000(1-c)}$

式中：V——化粪池的有效容积（m^3）；V_1——化粪池的污水区有效容积（m^3）；V_2——化粪池的污泥区有效容积（m^3）；a——实际使用化粪池的人数与设计总人数的百分比（%）；n——化粪池的设计总人数（人）；q_1——每人每天生活污水量[L／（人·d）]，当粪便污水和其他生活污水合并流入时，为100~170L／（人·d），当粪便污水单独流入时，为20~30L／（人·d）；t_1——污水在化粪池中停留时间，可取24~36h；q_2——每人每天污泥量[L／（人·d）]，当粪便污水和其他生活污水合并流入时，为0.8L／（人·d），当粪便污水单独流入时，为0.5L／（人·d）；t_2——化粪池的污泥清掏周期，可取90~360d；b——新鲜污泥含水率（%），取95%；m——清掏后污泥遗留量（%），取20%；d——粪便发酵后污泥体积减量（%），取20%；c——化粪池中浓缩污泥含水率（%），取90%

设计要点
（1）化粪池宜用于使用水厕的场合；
（2）化粪池宜设置在接户管下游且便于清掏的位置；
（3）化粪池可每户单独设置，也可相邻几户集中设置；
（4）化粪池应设在室外，其外壁距建筑物外墙不宜小于5m，并且不得影响建筑物基础，如受条件限制设置于机动车道下方时，池顶和池壁应按机动车荷载核算；
（5）化粪池与饮用水井等取水构筑物的距离不得小于30m；
（6）化粪池的有效深度不宜小于1.3m，长度、宽度不宜小于1.0m、0.75m，圆形化粪池直径不宜小于1.0m；
（7）化粪池容积最小不宜小于2.0m^3；
（8）双格化粪池第一格的容量宜为总容量的75%，三格化粪池第一格的容量宜为总容量的50%，第二格和第三格宜分别为总容量的25%

空间植入方式

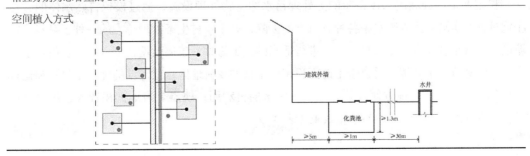

7. 人工湿地

人工湿地是一种半生态型污水处理系统，由人工设计和改造而成，主要由土壤基质、水生植物和微生物三部分组成。人工湿地根据内部的水位状态可以分为表流型湿地和潜流型湿地，潜流型湿地又可以根据水流方向再细分为水平潜流湿地和垂直潜流湿地。人工湿地造价较低，但占地面积较大，适合在大多数乡村地区使用，同时还可以对环境起到美化的作用（表4-8）。

人工湿地空间设计依据　　　　　　　　　　　　表4-8

人工湿地示意图	计算方法
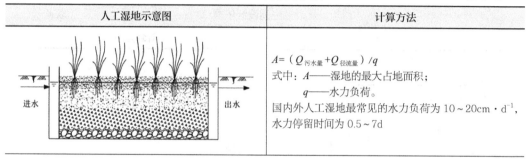	$A=(Q_{污水量}+Q_{径流量})/q$ 式中：A——湿地的最大占地面积； 　　　q——水力负荷。 国内外人工湿地最常见的水力负荷为 $10\sim20cm\cdot d^{-1}$，水力停留时间为 $0.5\sim7d$

设计要点

表流人工湿地水位一般为 $20\sim80cm$，潜流人工湿地水位则一般保持在土壤表面下方 $10\sim30cm$，并根据待处理的污水水量等情况进行调节

空间植入方式

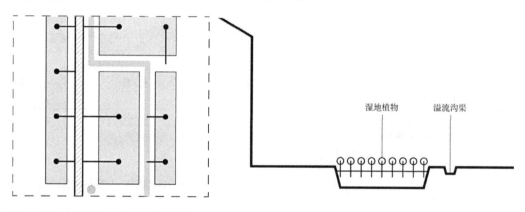

8. 稳定塘

稳定塘是一种利用水体自净能力处理污水的生物处理设施，通过模拟自然水体的天然净化过程，实现对排入废水中各种有机物的去除，属于乡村生态处理单元的一种。乡村稳定塘设计通常结合现有水池或是对土地进行适当的人工修整，建成池塘，可以用于乡村污水一级、二级甚至三级处理，适合于土地面积相对丰富的乡村地区。稳定塘的优点是投资和运行费用低、能耗低、管理方便，并可以实现污水的再利用；缺点是占地面积较大、污水负荷低，冬季处理效果差、夏季易孳生蚊虫（表4-9）。

稳定塘空间设计依据　　　　　表4-9

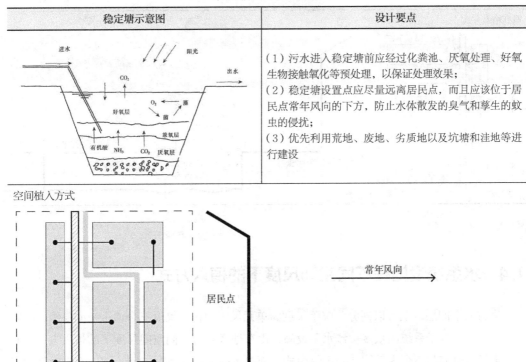

稳定塘示意图	设计要点
	（1）污水进入稳定塘前应经过化粪池、厌氧处理、好氧生物接触氧化等预处理，以保证处理效果； （2）稳定塘设置点应尽量远离居民点，而且应该位于居民点常年风向的下方，防止水体散发的臭气和孳生的蚊虫的侵扰； （3）优先利用荒地、废地、劣质地以及坑塘和洼地等进行建设

空间植入方式

9. 生活污水净化沼气池

污水净化沼气池是一种将厌氧技术与生物过滤技术相结合的污水处理技术，属于常见生物处理技术的一种。采用厌氧处理和好氧处理相结合的方式，对污水中的污染物进行分解。处理后留下的沼渣和沼液中含有多种农作物生长所需的营养成分，可以作为肥料直接回用到农田中，实现了资源的循环利用（表4-10）。

生活污水净化沼气池空间设计依据　　　　　表4-10

生活污水净化沼气池示意图	计算方法
	$$V=\dfrac{naqt}{24\times1000}$$ 式中：V—有效池容（m^3）；n—服务人口； a—卫生设备安装率，住宅区、旅馆、集体宿舍取1，办公楼、教学楼取0.6；q—人均污水量（L/d）；t—污水滞留期（d），停留时间按2~3d

设计要点：
（1）每户使用的生活污水净化沼气池池容积为30m³；
（2）在选址时与主建筑物距离应大于5m；
（3）为减少占地，厌氧沼气池可建在绿化或菜地下

空间植入方式

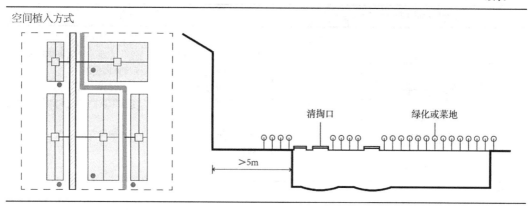

4.4 水系统设施在不同空间尺度下的植入方式

乡村从空间层级上可以划分为院落尺度、单元尺度和村域尺度三个递进空间层级，探明乡村水系统中各子系统内众多"涉水"设施在山东地区乡村不同空间尺度下的植入方式，有利于更好地研究与整合水系统空间组织模式，面对不同层级的乡村空间，能够有针对性地提出卓有成效的乡村水系统设计策略。

4.4.1 乡村水系统设施在院落尺度下的空间植入

乡村院落尺度空间，是乡村空间最基本的组成单元，也是满足村民基本生活要素的主要空间。院落空间不仅是村民生活的主要活动空间，同时也是乡村污水排放的主要来源之一，研究水系统在这一层面的空间植入方式对构建乡村良性水循环有着重要意义。

1. 屋顶雨水收集系统

屋顶作为院落空间中雨水接触面最广的部分，对雨水收集有着重要作用。山东地区乡村庭院建筑多以瓦面坡顶为主，部分附属房间采用平屋顶，这有利于雨水在屋顶的快速排出，因此可以考虑对屋顶增设落水管与集雨池，实现屋顶降水的直接收集与利用。考虑到乡村地区雨水水质相对较好，且屋顶作为雨水第一接触层面，污染系数相对较小，因此，对于屋顶雨水可通过简单弃流后直接收集再利用，设计中可不增设处理设施或配置简易处理设施对雨水中的颗粒物进行处理，以降低整体设施投入和运营成本（图4-7）。对于山东地区部分经济发展较好的乡村，屋顶雨水收集设施可结合绿色屋顶等生态处理手法进行一体化设计，通过植被根系的吸收和渗透来实现对屋顶雨水的减量、截污和收集，同时进行合理的植被选择还可以获得一定的环境和经济效益，但需考虑到植被的生存情况和审美需求，植被选择应因地制宜，以本土植物为主，同时还应该注重颜色和美学的搭配，以降低生态处理设施的经济投入和运营成本，实现生态可持续发展。

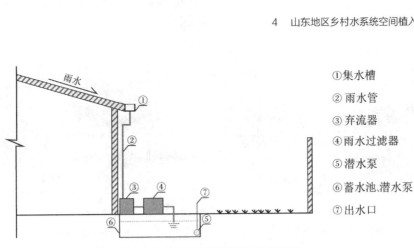

①集水槽
②雨水管
③弃流器
④雨水过滤器
⑤潜水泵
⑥蓄水池.潜水泵
⑦出水口

图 4-7　屋顶雨水收集系统结构示意图

2．生态雨庭

生态雨庭是一种自然和人工相结合的综合系统，其典型结构主要由蓄水层、覆盖层、种植土层、砂石层四部分组成，其工艺流程如下：雨水经过蓄水层、覆盖层、种植层去除水中悬浮的颗粒物，再经过植物根系的吸收净化实现对水中有机物的消除，最后由砂石层延缓水的渗透，将水扩展到整个底部，当有回用要求或要排入水体时还可以在砂石层中埋置集水穿孔管。同时，生态雨庭还需设置溢流口，当降雨较大，雨水超过蓄水层深度时，多余的雨水直接进入其他排水系统。

山东乡村庭院的地面多以土壤为主，在降雨时能够将一部分雨水渗入地下，从而起到减少地表径流和补充地下水资源的作用，但单一的土壤地面在雨天易形成庭院积水且雨水易被污染。随着山东省"美丽乡村"的推进，部分乡村庭院采用水泥地面封底，使得庭院雨水只能直接对外排出，增加了乡村原始排水系统的压力，使得乡村易产生洪涝，因此，结合现代手段恢复院落软质垫层对乡村雨水利用和控制地表径流有着重要作用。针对两种院落地面铺地类型，治理方案如下：

土壤地面庭院雨水利用：透水铺地—高程设计—生态绿地／生态雨庭—调蓄设施。

水泥地面庭院雨水利用：空闲空间增设绿地—排水处增设雨庭—调蓄设施。

对于以土壤为主的乡村院落，通过场地高程设计，结合透水铺地和生态雨庭等方式，可以实现院落雨水的蓄留。对于已经采取水泥封底的院落，为了降低经济损失，考虑利用闲置空间增设绿地，并在庭院排水口增设生态雨庭等设施，实现对地表径流的有效控制。这样可实现：在降雨量不大时，雨水在庭院内部直接"消化"，当雨量过大，产生溢流水系时，通过庭院排水口直接排入明沟，最终汇集到调蓄设施中（图 4-8）。

3．化粪池

化粪池作为我国乡村常见的厕所污水处理设施，其主要原理是利用沉淀和厌氧微生物发酵实现对污水中悬浮物、有机物和病原微生物的有效去除，但其处理效果有限，出水水质较差，无法直接排放，因此，化粪池一般承担乡村污水预处理的职能，出水需经过其他处理设施进行处理后方可排放。化粪池形式的选择一般以乡村厕所污水量为依据，当化粪池污水量小于或等于 $10m^3/d$ 时，首选两格化粪池，当化粪池污水量大于 $10m^3/d$ 时，一般选择三格化

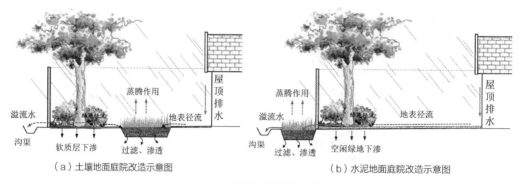

（a）土壤地面庭院改造示意图　　　　　　　　　　（b）水泥地面庭院改造示意图

图4-8　生态雨庭空间植入示意图

粪池，设置时宜在接户管下游且便于清掏的位置。

对于山东地区乡村厕所污水的处理，则需要考虑两种情况。尽管随着近两年厕所改造的推行，山东地区部分乡村开始普及水冲厕所，但旱厕依旧较为普遍，第三次全国农业普查结果显示，东部地区依旧有42.5%的农村使用旱厕。对于旱厕污水，可以考虑设置集粪池，定期清掏，使有机肥回田并结合乡村使用情况制定清掏周期，不考虑溢流处理。

对于已经普及水厕所的乡村，则可以分为两种情况考虑。当乡村距离城镇较近时，乡村污水管网可以就近接入城市污水管网中，实现统一处理。当乡村距离城市较远时，建议在庭院内增设化粪池，实现对厕所污水的预处理，可以采用单户独建或多户共建一处化粪池的做法。同时，对于化粪池内处理的污水，优先考虑还田，溢流污水则排入乡村污水管网进一步处理（图4-9）。

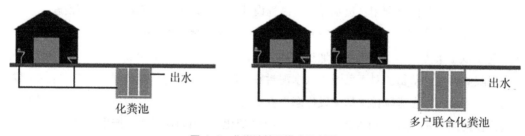

图4-9　化粪池处理模式示意图

图片来源：雷连芳. 杨陵毕公村绿色水基础设施规划设计研究 [D]. 西安：西安建筑科技大学，2017.

4. 污水净化沼气池

污水净化沼气池是一种将厌氧技术与生物过滤技术相结合的污水处理技术，属于常见生物处理技术的一种。考虑到地域气候和环境的影响，山东省乡村推行的污水净化沼气池以厌氧沼气池为主，池内生活污水在厌氧环境下结合微生物产生化学反应，将污水内有机物分解为二氧化碳、甲烷和水，实现对乡村生活、生产污水的净化，同时也能获取一定的沼气和沼渣，沼气是高效燃料，沼渣则可当作有机肥料用以还田。污水净化沼气池虽能有效分解污水中的有机物，但出水水质依然无法达到排放标准，因此出水须由氧化塘等其他污水处理单元进一步处理后才能够排放。污水净化沼气池适用于乡村小范围的分散污水处理，通常以单户或多户为一个单元进行污水收集处理，也可结合居民家禽养殖、蔬菜林木种植等产业，形成适合不同产业结构的沼气利用模式。

　　山东多数乡村具有养殖家禽和种植蔬菜的习惯，家禽的饲养在一定程度上能有效减少家庭生活开支，但其粪便也是院落污染的主要来源之一。因此，对于饲养家禽的用户，建议进行圈养，增设集粪坑，结合污水净化沼气池设计，在有效处理家禽污水与生活污水的同时，实现水资源的有效利用。生活污水净化沼气池在乡村院落的空间植入中需考虑到与其余建筑的距离，一般不得小于 5m，同时为了节省占地，污水净化沼气池可以建设在菜地或绿地下，便于沼渣和沼液清掏回用（图 4-10）。

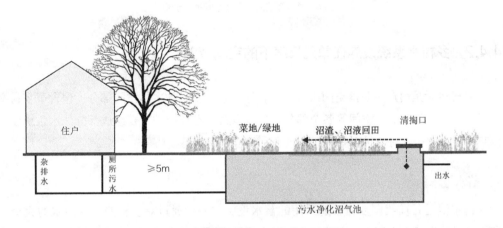

图 4-10　污水净化沼气池空间植入示意图

5. 庭院人工湿地

　　山东地区大部分乡村对生活污水未设置处理设施，生活污水随意倾倒在乡村道路上或就近排入沟渠，造成水资源浪费的同时，影响了乡村整体环境。对于庭院污水的收集处理，当前，人工湿地是农村庭院生活污水处理的理想方式之一，通过系统内的土壤、人工介质、植物、微生物的物理、化学、生物三重协同作用实现污水净化，能有效地处理乡村日常生活污水。同时结合乡村雨水利用，可实现庭院水资源多重利用模式。考虑到部分乡村可能存在水流动高程不足的问题，可适当增加乡村院落高程设计，一方面是为了便于院落废水和溢流雨水的对外排放，另一方面是为了解决庭院人工湿地水流动，实现生活污水在庭院层面的预处理。

　　庭院型人工湿地主要由沉淀池、进水池、一级水生植物塘及植物碎石床、二级水生植物塘及植物碎石床组成，负责对院落内厨房污水与洗涤污水进行收集与处理。村民将日常生活中产生的厨房污水和洗涤污水通过管道引入或直接倒入沉淀池内，通过沉淀池预处理后进入进水口，利用各层级的高差实现污水的一级或二级处理，出水可用于浇灌或排入村内排水沟。考虑到异味和蚊蝇的问题，庭院型人工湿地一般以水平潜流人工湿地为主，且多结合庭院景观布置，北方庭院型人工湿地容量以平均 125 ~ 250L/ 人为宜（图 4-11）。

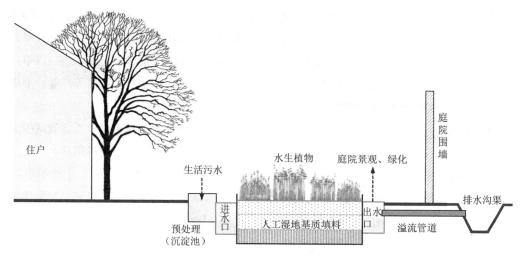

图 4-11　庭院人工湿地空间植入示意图

4.4.2　乡村水系统设施在单元尺度下的空间植入

乡村单元是由众多院落空间组成的集合体，它是乡村的主体空间部分，包含了乡村交通空间、公共空间、节点空间等各个部分，也是乡村生态环境的主要组成部分。水系统设施在该空间层级的植入对乡村空间形态与景观有着重要影响。

1. 蓄水池

蓄水池是目前我国乡村普遍采用的蓄水设施之一，通过对乡村沛雨季雨水的收集与储存用于旱季生活生产用水，有效地缓解了乡村水资源短缺的问题。山东区域降雨多集中在夏季，春、冬季降雨较少，季节性降雨使得山东地区大多数乡村适合引入蓄水池。蓄水池总体可以分为开敞式和封闭式两大类，其建设材料以砖石、混凝土为主，设计时需注重其内部防渗处理，防止池内水源流失和水质受到污染。

蓄水池在乡村空间植入中应尽量布置在高差较大处，以便于充分利用重力自流将水引入各户，减少机械动力设备的资金投入，因此，蓄水池在理想的地形高差的山区和丘陵乡村较为适用，平原区域由于地形平坦，缺乏高差条件，一般需增设机械设备以实现蓄水池引流到户。同时蓄水池设计中应注重对进水的净化处理，通过设置引水沟、沉砂池、拦污栅等设施保证进水的水质（图 4-12）。

2. 稳定塘

稳定塘又称为氧化塘或生物塘，其工艺是通过模拟自然水体的天然净化过程，实现对排入废水中各种有机物的去除，属于乡村生态处理单元的一种。乡村稳定塘设计通常结合现有水池或是对土地进行适当的人工修整，建成池塘，可以用于乡村污水一级、二级甚至三级处理，适合于土地面积相对丰富的乡村地区。稳定塘形式多样，按其功能特征与运行模式可进一步划分为好氧塘、兼性塘、厌氧塘、曝气塘及生态塘五种类型。

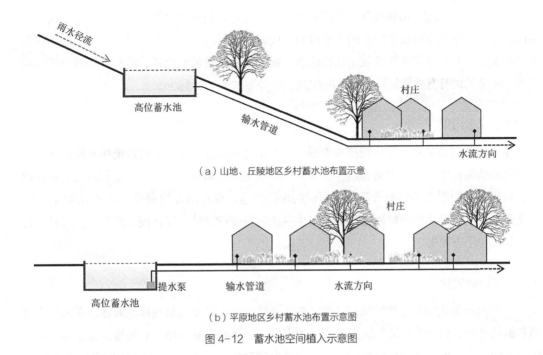

（a）山地、丘陵地区乡村蓄水池布置示意

（b）平原地区乡村蓄水池布置示意图

图 4-12 蓄水池空间植入示意图

　　乡村稳定塘的设计与类型的选择需考虑乡村污水量、污染物浓度、污水停留时间等因素，当乡村排入污水中污染物浓度较低时，稳定塘一般设计为好氧塘或生态塘，主要依靠微生物、藻类或水生植物来净化水体；当乡村排入污水中污染物浓度较高时，稳定塘可以考虑设计成厌氧塘或曝气塘，通过厌氧反应或好氧微生物反应来实现对高浓度污染物的分解与净化；当排入污水中污染物介于两者之间时，稳定塘可设计为兼性塘，通过塘内好氧与厌氧反应的结合，实现对污水的净化处理。其中好氧塘与生态塘可结合水生植物进行一体化设计，以增强其污水处理功效。植被的选择则优先考虑乡村本土植物，且以多年生植物为最佳，以此保证植物对乡村环境的适应力，同时也有利于降低维护与运营成本。考虑到半湿润寒冷地区冬季水面易结冰以及单塘运行储蓄空间大等因素，乡村稳定塘设计中一般采取多塘串联和增加曝气系统等方式改善稳定塘在冬季低温下的运行效果。稳定塘在乡村空间植入过程中需注意其与乡村居住点位置的关系，一般设计时尽量选取远离住户的位置，且为了降低运行期间水体异味和蚊蝇的孳生对乡村环境的影响，稳定塘多设置于乡村常年风向的下方（图 4-13）。

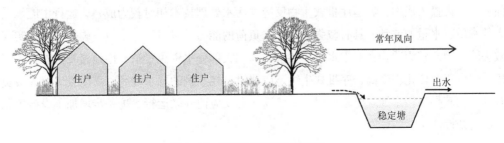

图 4-13 稳定塘空间植入示意图

山东地区特殊的降雨特征和丰富的地下水资源使得乡村内部存在大量池塘、蓄水池等水空间。它们是早期乡村蓄水用水的主要设施，同时也是乡村污水净化，保持乡村水循环的重要设施部分，但如今大多数都处于荒废状态，通过将其改造成氧化塘，可在降低基建成本和改善水环境的同时有效重塑传统水空间职能，提升乡村水空间利用率。

3. 生态排水沟渠

生态排水沟渠是对乡村传统排水沟渠的一种生态化改进，是在乡村传统排水沟渠底部及沟壁采取植物措施，或植物措施结合工程措施，以实现对雨水以及生活污水的净化滞留，同时，植物措施的引入能够有效降低暴雨时的雨洪流速，延缓洪峰的到来，增强雨水的下渗。生态排水沟渠建设多以乡村原始排水沟渠为基础进行改造设计，经济投入较低，同时具有良好的景观和生态效果。

4. 生物接触氧化池

生物接触氧化池是生物膜法的一种，在池底填充一定的复合材料作为载体，在污水浸没填料的过程中，以附着在填料表面的微生物来实现对污水中悬浮物、有机物、氨氮等污染物的有效吸附和分解。其中生物膜内微生物一般由细菌构成，还包含一定量的藻类、真菌以及后生动物，在污水净化过程中，生物膜内微生物的整体性能较为稳定，具有一定的抗干扰性与复合能力，且整体技术相对成熟，能够较好地保证出水水质，因此在山东地区乡村污水治理中采用较为普遍。

生物接触氧化池处理规模可大可小，且整体结构简单，占地面积相对较小，适用于乡村单户、多户或村域整体范围内的污水处理。由于设施运行中需对污水进行机械曝气处理，因此，该类设施适用于有理想高差的山地、丘陵区域的乡村，利用场地高差形成跌水充氧，完全或部分代替曝气设施，能够有效降低成本。同时，考虑到气候环境对微生物的影响，山东地区乡村中的生物接触氧化池多建在室内或地下，并采取一定的保温措施保证冬季运行效果。

5. 序批式生物反应器（SBR）

序批式生物反应器技术属于活性污泥法的一种，集进水、曝气、沉淀、出水于一池中完成，因此池体既用作生物反应器又用作沉淀池。其处理的整个过程也只有一个反应池，省略了沉淀池、调节池和回流污泥池等设备，因而整体工艺流程较为简单，且节省了设施占地面积和建设投入成本。我国序批式生物反应器污水处理技术相对较为成熟，运行中能承受较大的水质、水量的波动，具有较强的耐冲击负荷的能力，可对污水中氮、磷等污染物实现有效去除，因此较为适合在对出水水质要求较高和大部分水资源紧缺、用地紧张的农村地区应用。但由于一体化程度高，序批式生物反应器对自控系统的要求较高，需配置专业人员负责看守，尤其是当污水处理量较大时，一般需多套反应池并联运行，进一步增加了设备控制系统的复杂性。

6. 氧化沟

氧化沟是我国目前较为常用的一种污水处理设施，属于活性污泥处理系统中的一种，其池体是一种首尾相连的沟渠形态，污水在池体内部不断地循环流动，因此也称之为"循环曝气池"。由于氧化沟需要排入污水处于流动状态，因此多依靠机械动力设备来保证水体的流动，从而保证水体曝气效果，适于处理污染物浓度相对较高的污水。考虑到经济投入等方面的因素，氧化沟不适合小范围的污水处理，适用于大型村落整体或多个村落共用，出水水质相对稳定。

4.4.3 乡村水系统设施在村域尺度下的空间植入

与村域尺度相关的水系统"涉水"基础设施主要为占地规模较大的人工湿地、土地渗透系统等生态处理设施以及多设施组合工艺部分，该类设施的植入对于维护村域整体环境与恢复水生态循环有着重要作用。

1. 人工湿地

人工湿地是目前乡村污水处理的理想方式之一，通过人工填筑土壤、填料等构建填料床，并在床体表面种植具有良好污水处理性能的绿色植被，从而对天然湿地进行模拟建造，因此，人工湿地主要由土壤基质、水生植物和微生物三个部分组成。

人工湿地又可以分为表流人工湿地和潜流人工湿地两种类型，其中潜流人工湿地按其内部水流运行特征又可以划分为水平潜流湿地和垂直潜流湿地两种。不同类型的人工湿地有着不同的优势特征，如表流人工湿地无论是建设投入还是运行管理成本都低于潜流人工湿地，但其自身占地规模较大，且由于湿地表面布水，因此冬季易结冰从而影响运行效率，而夏季内部水体易孳生蚊蝇且产生异味。潜流湿地具有占地面积小，且卫生条件好的优势，而在相同处理效果的情况下，又以垂直潜流湿地的占地面积最小，但总体建设费用相对较高，且维护成本较大，对于乡村经济会产生一定的压力。因此，对于人工湿地类型的选择，需综合考虑乡村经济、用地等方面的因素，以进行合理的选取。

乡村单元尺度的人工湿地设计中，应结合乡村实际情况因地制宜地进行选取和设计。设计前应该充分调查乡村污水排水量的大小和水质情况，并结合乡村气候环境、用地条件、经济状况等因素选取适宜乡村空间的人工湿地类型，并结合相关设计规范进行具体设计。与此同时，不同类型的湿地可通过串联或并联的方式进行组合应用，以达到逐级减少水中污染物的目的。多级湿地组合不仅可以充分发挥各种类型湿地的优点，而且可以保证对乡村污水中有机物、氮、磷的有效去除，同时提升自身的抗干扰能力（图4-14）。

2. 土地渗透系统

土地渗透系统属于污水土地处理单元形式中的一种，通过管网布水系统将预处理的污水投配到距地表0.5m左右且具有良好渗透性的土层中，通过土壤毛细管吸附截留作用，使污水在向四周扩散的过程中实现沉淀、过滤，结合植物根系的吸收和微生物降解实现对污水的

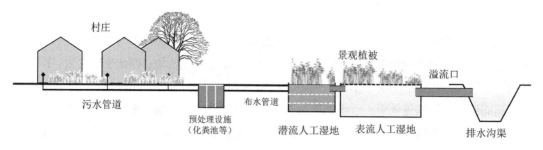

图 4-14　潜流 + 表流人工湿地空间植入示意图

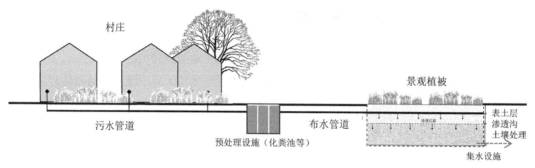

图 4-15　土地渗透系统空间植入示意图

有效处理，该模式适用于无法接入城市排水管网的乡村小水量污水处理。土地渗滤的处理水量与其他设施相比较少，且污水停留时间较长，但对于污水的处理净化效果较好，且出水的水量和水质都比较稳定。污水在进入处理系统前须经化粪池、氧化池等设施进行预处理，适用于乡村污水的二、三级处理。土地渗透系统在空间植入中对土壤、介质的渗透性具有较高的要求，通常需要对原土进行再改良以提高渗透率，下渗的土壤表面可种植花草植被，以增强其景观性（图 4-15）。

3. 组合工艺

　　乡村水系统中的众多"涉水"基础设施在乡村中并不是独立、封闭的系统体系，虽然部分水处理设施能够较为独立地承担一定的乡村功能，但更多的是依靠各个设施之间的相互协调、相互促进和激发，从而保证乡村的可持续发展，创造高品质的乡村空间形态和开放的空间系统，因此，众多"涉水"基础设施的组合工艺对村域尺度空间环境有着重要的影响。

　　"涉水"基础设施组合工艺指的是依据乡村当地的实际水质情况与出水用途，将两个或三个工艺进行组合，以提高整体处理效果和水系统韧性，以期达到理想的处理效果和经济性的最佳组合。适用于山东地区乡村的常见组合工艺有"厌氧池 + 接触氧化池 + 人工湿地""厌氧滤池 + 氧化塘 + 植物生态渠"等厌氧、生物处理与人工湿地的组合，已有工程表明，"涉水"基础设施组合工艺对乡村污水中氮、磷等有机物有很好的净化处理效果。例如重庆市开县某村在乡村污水处理中采用"厌氧滤池 + 氧化塘 + 植物生态渠"组合工艺，通过对各个接入点水质变化情况的统计发现，该组合不仅对于 COD、NH_3-N、SS、TN 和 TP 具有良好的去除效果，而且对于乡村空间品质与景观环境有着较大的提升（图 4-16）。

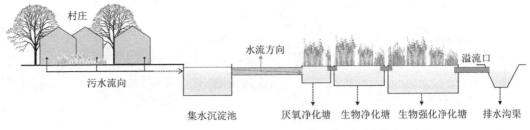

图 4-16　"厌氧滤池＋氧化塘＋植物生态渠"组合工艺空间植入示意图

　　乡村特有的景观风貌是乡村千百年来适应特定地域气候与环境等自然因素发展形成的，蕴含着乡村特有的文化内涵与地域特色，是乡村区别于其他地域村镇的最明显特征，而水空间作为乡村景观和内部空间的重要组成部分，使得与其紧密联系的乡村水系统中"涉水"基础设施对乡村空间也有着重要的影响。因此，水系统设施在山东地区乡村的空间植入过程中应当考虑对区域内乡村景观的保护与空间品质的提升，在重塑乡村水循环的基础上，突出乡村的空间特色与景观风貌，指导乡村的良性建设与发展。

4.5　本章小结

　　本章主要对山东地区乡村水系统的空间植入方面进行具体研究，首先分析了水系统空间对乡村地形地势、用地规模、建设空间三方面的要求，进而又梳理了不同产业类型乡村水系统的运行模式，并从技术、经济、空间、景观、社会五个维度分析了乡村"涉水"基础设施的选取，最后探讨了不同"涉水"基础设施在院落尺度、单元尺度、村域尺度下的植入方式，从而为下文乡村水系统空间组织模式提供良好的研究基础。

5

山东乡村水系统
空间组织模式研究

本章主要对山东地区乡村水系统空间模式进行研究。通过对水系统空间组织研究方法的制定，建立乡村水系统空间组织结构类型库，并探讨乡村水系统空间与乡村空间的整合设计，最后以朱家峪村乡村规划为例具体分析水系统空间组织模式的适变应用。

5.1　山东地区乡村空间模型构建

5.1.1　乡村空间形态影响因素分析

在地域的自然环境和历史条件下，多种因素共同作用于乡村聚落，影响其空间形态的演变。对于我国的乡村空间形态，国内学者早已从不同的视角进行过大量研究并形成了众多理论成果。例如基于民居建筑分布的疏密程度可以将乡村划分为松散团聚型、聚集型、散聚型等；基于交通路网布局可以将乡村形态划分为鱼骨形、放射形、树枝形、网络形等。本书从乡村水系统空间组织的视角探索半湿润区与寒冷地区交汇的山东地区乡村空间形态特征，对于乡村空间形态的分析研究应以乡村水系统空间构成特征为依据，结合乡村水系统概念与特征分析，主要从地形地势、平面布局形态、水系统布局形式三个方面对山东地区乡村空间形态进行研究。

1. 地形地势与平面布局形态分析

1）地形地势

相对于城市水系统的独立性，乡村水系统更多以重力自流为运营方式，地形地势对乡村水系统构建有着重要影响。山东以山地丘陵为骨架，平原交错其间的地势特征使得山东乡村布局在高差上具有多样性，从地形地势入手，将山东地区乡村划分为平原型、山地型、丘陵型三类。

2）平面布局形态

村落在发展过程中受多方面影响，呈现出一定的分布型（块状、条状、点状等）或趋向于某一种分布型，从而形成一定的"面"状结构，呈现出块状、条状、点状等多种空间形态。这与乡村自身资源有着密切联系，资源优越且分布均匀往往导致村落的布局整体趋于均匀，而资源的非均质状态则会促使乡村在相对适宜发展的位置呈聚集状态。例如平原地区水资源充足，土地适宜耕种，相对均匀的资源分布促使乡村布局多呈块状、条状或多村相连的面状均匀分布。山区丘陵地形则较为复杂，适宜建设的用地较少，村落多建设在山谷、山脚、山麓边缘地带，村落整体多呈条状、点状空间形态分布，因此，山东地区乡村平面布局形态总体上可以分为块状集中型、线性延展型、点状分散型和面状联片型四种类型。

将地形地势与平面布局形态两种限制因素叠加归纳时发现，区域内缺少了面状联片型山地乡村，究其原因，山地型乡村由于受地形影响，村落可建设用地规模较小，缺乏适宜的大规模建设用地，因而难以形成面状联片型乡村（表5-1）。

山东地区乡村类型归纳   表5-1

	块状集中型	线性延展型	点状分散型	面状联片型
平原型				
	乡村整体布置上较为规整，形态上呈团块状布局	受到交通或溢流水系的影响，乡村呈现出沿道路或水系布局的空间形态	受用地条件或资源环境限制，村庄呈现局部集中、整体分散的布局	由两个以上在地域空间上相互联系的村庄组成，空间界限模糊
山地型				—
	规模较小，乡村整体坡度较大，村落骨架道路一般沿山坡坡势缓慢下降建设	建筑沿等高线呈条带状布局，建筑布局呈现出高低错落、层次分明的有机布局态势	住户较少，建筑沿等高线分散布局	由于地势和水源的限制，山地乡村难以出现村庄连片现象
丘陵型				
	村庄规模一般不大，空间布局以集中式为主，主干道多平行于等高线布置	沿着山地与平原的交界线走向呈条状布局形态，或沿溢流水系呈分散线状布局	受到地势与自然资源分布的影响，村落呈组团状分散布局	与平原型面状乡村形成的情况相似，形成空间上相互联系的多村庄组群

从表5-1中可以看出，平原型乡村由于地势平坦，其村落布局形态一般较为集中且规整。块状集中型乡村一般在地域上与其他乡村距离较远，村落整体布置上较为规整且形态上

呈团块状聚集分布；线性延展型乡村则是指村落在形成过程中受到道路或溢流水系等因素的影响，呈现出沿道路或水系布局的空间形态，形成"住户—支路—主路 / 水系"的基本空间布局形态；点状分散型乡村一般指受用地条件或资源环境限制，村庄呈现局部集中、整体分散的布局，例如东营沿海地区乡村聚落，受当地大面积盐田和养殖湿地的影响，居住用地相对较为分散，乡村聚落空间呈点状分散布局；面状联片型乡村则是由两个以上在地域空间上相互联系的村庄组成。在村落发展过程中，毗邻的村庄由于人口增多，居住规模扩大，导致乡村边界相互融合，从而形成了面状的空间形式，各个乡村空间紧凑，整体布局规整。

山地型乡村由于受到地形地势的限制，村落整体规模相对较小，且多独立分布，基本难以出现村庄联片的现象，因此，山地型村落整体空间形态布局分为块状集中型、线性延展型和点状分散型三种。块状集中型乡村多建于取水方便、坡度适宜且具有一定面积的相对平坦用地的坡面上，由于用地的限制，规模相对较小，乡村整体坡度相对较大，村落骨架的道路一般沿山坡坡势缓慢下降建设；线性延展型乡村一般利用等高线之间的平地进行建设，乡村建筑与交通主干道则多沿等高线布置，次干道则垂直于等高线布置，建筑布局呈现出高低错落、层次分明的有机布局态势；点状分散型乡村则多布置在山坡或山顶上，受可用建设用地分布的影响，建筑沿道路或溢流水系呈分散型线状布局，乡村规模较小，建筑单独或组团分散布置。

丘陵型乡村则多分布在山地与平原的交界处，是地形转折、过渡的地带，地形坡度较缓，主要集中在鲁中和鲁东地区。相对于山地来说，丘陵地区一般水源充足，且地形相对适宜建设，其空间形态包含块状集中型、线性延展型、点状分散型及面状联片型四种。块状集中型乡村多受到固定水源和地形的限制，村庄规模一般不大，空间布局以集中式为主，住户多沿等高线逐层布置，主干道平行于等高线布置；线性延展型乡村则多沿着山地与平原的交界线呈条状布局形态，主干道沿着山地与平原交界处展开，成为乡村的主要骨架，村落房屋在主干道路沿线垂直于坡向建设；点状分散型乡村与山地点状分散型乡村类似，受可建设用地规模的限制，建筑沿主干道呈分散线状布局，但乡村整体规模相对较大，通常呈现出聚落组团分散布局形态；面状联片型乡村则与平原型面状乡村情况相似，相邻村落在发展过程中由于交通和规模的联系性而在地域空间上交汇，形成空间上相互联系的多村庄组群（表 5-2）。

山东区域乡村空间形态原型归类　　　　　　　　　　表 5-2

	块状集中型	线性延展型	点状分散型	面状联片型
空间结构原型提取				

续表

		块状集中型	线性延展型	点状分散型	面状联片型
乡村对应性	平原型	●	●	◐	●
	山地型	●	●	●	○
	丘陵型	●	●	●	●
图例				▭ 建筑（群） ▨ 道路 ▭ 村落边界		

注：●对应性较高 ◐对应性一般 ○无对应性

2. 水系统空间布局形式

1）水系统布局形式分类

结合我国城市供水、排水布局形式可知，整合水基础设施空间的乡村水系统布局形式可划分为"各户串联"和"分区并联"两种基本类型。"各户串联"是指供水、排水、污水处理等基础设施直接与乡村建筑（单元）连接，形成了"建筑（单元）—排水管网—水处理设施"的层级关系。"分区并联"则是按区域对乡村进行划分，特定区域内污水集中处理，最后汇入总的处理系统之中，形成了"建筑群—处理设施1—处理设施2"的层级关系（图5-1）。

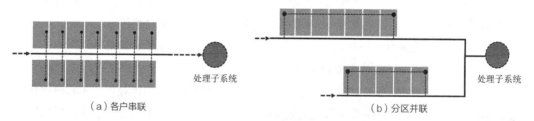

图5-1 乡村水系布局形式

2）水系统布局形式的影响因素

（1）地形地势因素对水系统布局形式的影响

地形地势因素对乡村水系统布局形式的影响主要体现在村落内部高差上，山东地区乡村按地形可以分为平原、山地、丘陵三类，各类型乡村在地势上存在明显差异，地势高差是影响乡村形成"各户串联"和"分区并联"两种基本布局形式的主要因素。平原型乡村整体地势平坦，乡村空间布局规整且集中，因此，在乡村水系统布置上优先考虑"各户串联"的连接方式。山地与丘陵地区的乡村一般沿等高线或垂直于等高线布置，对于水系统布局形式的选取更多地考虑地形高差的影响，当地形高差较小且建筑分布较为集中时，乡村水系统可采用"各户串联"的布局形式，当乡村内部高差较大，村落建筑布局明显呈组团形式时，水系统布局形式采用"分区并联"较为合理。

（2）水文环境因素对水系统布局形式的影响

水文环境作为乡村聚落选址的必要条件，对乡村空间形态有着重要的影响。我国古代乡村逐水而居的特色使得乡村大多毗邻或具有稳定水源，而乡村溢流水系在一定程度上也起着排水和雨水收集的作用，同时还承担着调节微气候和营造乡村景观的功能。对于乡村水系统的构建，溢流水系作为其主要物质部分影响着众多"涉水"基础设施的布置与规划，因此，水文环境对乡村水系统布局形式的选择有着重要影响。有水系存在的乡村可以分为溢流水系在乡村一侧和溢流水系在乡村内部两种情况。当溢流水系位于乡村一侧时，其在水系统中主要承担运输与自然处理功能，对于乡村水系统布局形式基本没有影响；而当溢流水系位于乡村内部时，为了降低污水管道交错带来的施工难度，以及对现有水空间的保护，乡村水系统多以"分区并联"的形式为主，对乡村污水进行分区收集处理。

（3）建筑类型对水系统布局形式的影响

乡村建筑类型也是影响水系统布局形式的主要因素之一，传统村落的建筑类型以居住建筑和教育建筑为主，其他类型建筑所占比例较小且分布较为零散。但随着我国乡村经济的发展以及旅游业的兴起，乡村单一的建筑类型被打破，商业建筑、特色民宿以及公共建筑等多种建筑形式逐渐融入乡村，这在一定程度上拓展了乡村建筑类型，也促进了乡村经济的发展。济南朱家峪古村在发展过程中依据乡村自身特色，逐渐形成了以民俗文化和自然景观为主题的观光旅游产业，这促进了乡村建筑类型的扩展。商业建筑、展览建筑、公共建筑以及特色民宿等建筑的引入，既完善了乡村旅游产业的配套设施，也为旅游者提供了便捷的服务，可以带动消费，从而促进乡村经济长久发展。

多类型建筑的引入在促进乡村发展的同时，也形成了乡村生活生产污水的多元化，主要体现为污水量的增加与污水形式的多样化。首先，消费建筑与产业建筑的引入使得建筑单元在特定时间段内的用水需求呈倍数增长，污水量的时空分布不均匀给乡村的排放给乡村水系统造成巨大压力，不利于"涉水"基础设施规模的确定。其次，不同类型建筑形成的污水组成部分具有很大的差异，如商业建筑中的餐饮建筑和部分民宿建筑需先考虑到对排出污水中油渍的预处理，处理后的污水才能够进入二级、三级系统，由此降低对水处理系统的影响，而商铺建筑和普通居住建筑则无需考虑这一点。由此可见，乡村建筑类型的分布对乡村水系统布局形式有着重要影响，当乡村建筑类型较为多样时，为了满足不同类型生活污水的处理需求，乡村水系统考虑选用"分区并联"的布局形式进行污水收集处理，而"分区并联"的布局形式又可以结合乡村建筑类型划分为按区域并联和按建筑类型并联两种形式。按区域并联是指乡村按照区域面积进行污水收集，该片区内建筑数量与种类相差不多，污水处理模式相似，便于水处理设施的统一量化布置，适合商业、公共服务建筑分散式布局的乡村；按建筑类型并联则是指乡村按照各个建筑类型分区，便于对不同程度的污水进行分散收集与预处理，适用于同类型建筑集中分布的乡村（图5-2）。

（4）用地条件对水系统布局方式的影响

乡村水系统布局形式与乡村用地条件也有着紧密的联系。当前我国推行的农村污水处理模式多以生物自然处理工艺为主，以满足低技低成本与乡村景观的需求，但该类设施一般占地规模较大，对乡村用地条件有着一定的要求。这里我们以人工湿地为例，人工湿地是当前

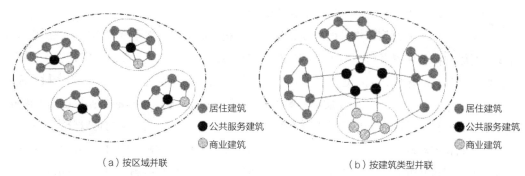

（a）按区域并联　　　　　　　　　　（b）按建筑类型并联

图 5-2　乡村按区域并联和按建筑类型并联示意图

乡村污水处理的理想模式之一，与传统污水处理厂的建设投入相比，人工湿地的建设费可以省去 1/3 ~ 1/2，且运行基本无能耗，运行费用只有传统污水处理厂的 1/5 左右，但其占地面积较大，每吨处理水量的占地面积约为一般污水处理厂的 10 ~ 20 倍，因此，乡村有无可建设用地资源对于乡村形成"各户串联"或"分区并联"水处理模式也有着重要影响，当乡村可建设用地资源短缺时，考虑到设施用地规模的需求，适宜采用"分区并联"的处理模式，以实现分散处理污水，降低设施占地规模。

对于乡村水系统布局形式的确定，需综合考虑乡村地形地势、水文环境、建筑类型、用地资源等方面的因素，以确保水系统布局形式对乡村的适应性与合理性。

5.1.2　山东地区乡村空间形态归纳

为了确保对山东地区乡村空间形态原型归纳的准确性与全面性，将地形地势、平面布局形态、水系统布局形式三个乡村空间形态决定要素按层级进行叠加，形成了 22 种乡村空间形态类型。当然，乡村空间形态类型具有多样性，随着不同层级的影响因素的加入，乡村空间形态可以进一步细化，更加具有针对性（图 5-3）。

结合上文分析可知，乡村地形地势因素与乡村平面布局形态因素可以统一考虑，概括为乡村空间形态原型，因此可以将前两个因素用 4 种乡村空间类型替代，结合水系统与乡村空

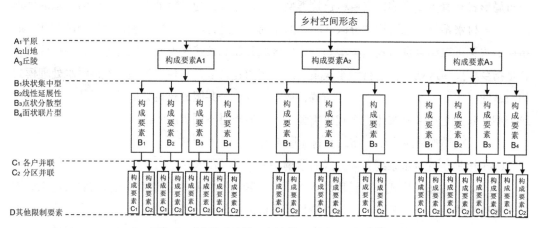

图 5-3　半湿润寒冷地区乡村空间形态构成要素叠加

间连接方式的限定，则可以将前三个层级限定因素叠加形成的 22 种乡村空间形态囊括为以下 8 类（表 5-3）。

山东地区乡村空间形态归纳　　　　　　　　　　　　表 5-3

	块状集中型	线性延展型	点状分散型	面状联片型
各户串联				
分区并联				
图例	▭ 建筑（群）　▨ 道路	▭ 污水管道　● 污水处理点	⬚ 村落空间	⬚ 分区边界		

5.2　山东地区乡村水系统空间组织模式构建

5.2.1　乡村水系统空间组织研究方法的制定

　　如何有效地将乡村水系统空间作为一个新的空间要素纳入乡村空间，是水系统空间组织模式研究的关键。本书以"水系统组织 + 乡村空间 = 乡村水系统空间组织"为"公式"，提出了"乡村水系统空间组织"的概念。区别于常规"空间组织"的概念，本书的"水系统空间组织"是指融合了水系统组织和乡村空间的新型乡村水系统空间规划指导模型。具体来说，这是一种空间组织上的"拓扑原型"，它可以根据不同类型乡村的具体情况，指导具体乡村的水系统空间组织设计，并且以此为基础衍生出多种乡村空间形态，但各子系统间的组织关系和功能作用并不会因此发生改变，如水系统内部各子系统组织关系的布局不会因为乡村地形地势、村落形态、居民建筑数量及类型等因素的变化而发生改变。

　　在对山东地区乡村水系统的具体研究过程中，以水系统中各个子系统的要素构成与组织关系为起点，构建乡村水系统组织的拓扑原型，该拓扑原型是乡村水系统空间组织最基本的布局形式；然后，在充分考虑其他常规设计要点的基础上，结合表 5-3 中归纳的 8 种山东地区乡村的空间形态模型，加入乡村水系统植入的限定因素，即村落形态、水系统布局形式，得到乡村水系统空间组织形态类型（图 5-4）。

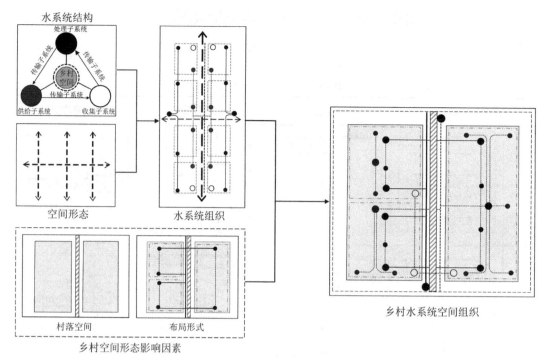

图 5-4　水系统空间组织研究方法

5.2.2　乡村水系统空间组织结构类型库

结合乡村水系统空间组织的研究方法，以本章上一节归纳的 8 种山东地区乡村空间形态为基础，进行乡村水系统空间组织结构类型库的构建，此处需指出的是乡村水系统空间组织结构类型库构建的目的在于为山东区域内不同类型的乡村水系统空间组织的设计提供一种适宜的模式。具体设计之时，需结合乡村实地调研情况和产业发展需求对乡村水系统空间组织模型进行适变应用，以便更好地与乡村规划发展相契合（表 5-4）。

乡村水系统空间组织结构类型库　　　　　　　　　表 5-4

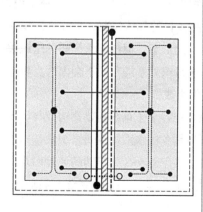

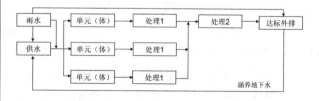

块状集中型　各户串联　多适用于平原地区乡村空间
供给子系统： 以集中供给为主，辅以分散供水形式。
收集子系统： 按汇水分区布置蓄水设施，溢流部分随道路排出。
处理子系统： 各单元（建筑）污水先经处理 1 进行预处理，再集中到处理 2 中统一处理。
传输子系统： 供水以供水管道为主，污水传输以排水管道结合沟渠布置

续表

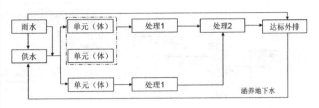

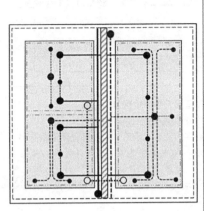

块状集中型　分区并联　多适用于山地、丘陵地区乡村空间
供给子系统： 结合区域布置，以集中供水和分散供水为主。
收集子系统： 按分区布置蓄水设施，溢流部分随道路排出。
处理子系统： 各个区域内污水先经处理1进行预处理，再集中到处
　　　　　　　　理2中统一处理。
传输子系统： 供水以供水管道为主，污水和雨水传输以排水管道结
　　　　　　　　合沟渠布置

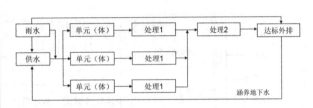

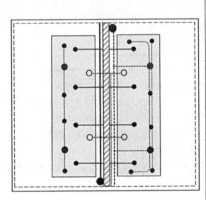

线性延展型　各户并联　多适用于平原乡村空间
供给子系统： 供水以集中供水为主，多点布置，辅以局部分散供水。
收集子系统： 按汇水分区分散布置蓄水设施，溢流部分随道路排出。
处理子系统： 各单元（建筑）污水先经处理1进行预处理，再集中
　　　　　　　　到处理2中统一处理。
传输子系统： 供水以供水管道为主，污水和雨水传输以排水管道结
　　　　　　　　合沟渠布置

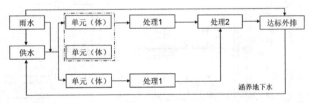

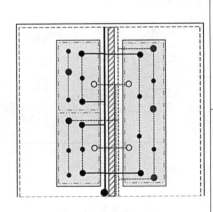

线性延展型　分区并联　多适用于山地、丘陵地区乡村空间
供给子系统： 结合区域布置，多点布置，以集中供水和分散供水为主。
收集子系统： 按分区分散布置蓄水设施，溢流部分随道路排出。
处理子系统： 各个区域内污水先经处理1进行预处理，再集中到处
　　　　　　　　理2中统一处理。
传输子系统： 供水以供水管道为主，污水和雨水传输以排水管道结
　　　　　　　　合沟渠布置

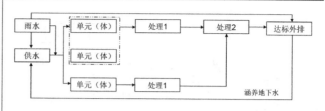

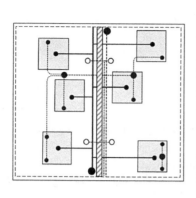

点状分散型　各户串联　多适用于平原地区乡村空间

供给子系统: 以集中供水和分散供水为主,多点布置。

收集子系统: 按汇水分区集中布置蓄水设施,溢流部分随道路排出。

处理子系统: 各单元(建筑)污水先经处理 1 进行预处理,再集中到处理 2 中统一处理。

传输子系统: 供水以供水管道为主,污水和雨水传输以排水管道结合沟渠布置

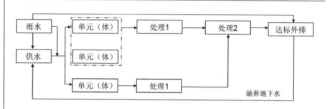

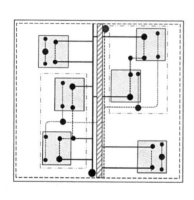

点状分散型　分区并联　多适用于山地、丘陵地区乡村空间

供给子系统: 结合区域布置,以集中供水和分散供水为主。

收集子系统: 按分区布置蓄水设施,溢流部分随道路排出。

处理子系统: 各个区域内污水先经处理 1 进行预处理,再集中到处理 2 中统一处理。

传输子系统: 供水以供水管道为主,污水和雨水传输以排水管道结合沟渠布置

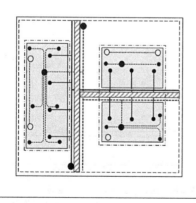

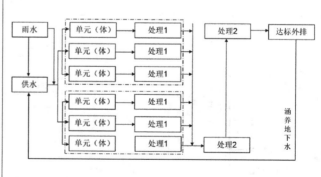

面状联片型　各户串联　多适用于平原和丘陵地区小规模联片乡村

供给子系统: 以集中供水和分散为主,结合乡村位置多点布置。

收集子系统: 各乡村按汇水分区集中布置蓄水设施,溢流部分随道路排出。

处理子系统: 各乡村内部单元(建筑)污水先经处理 1 进行预处理,再集中到处理 2 和处理 3 中统一处理,达到污水排放标准后排放。

传输子系统: 供水以供水管道为主,污水和雨水传输以排水管道结合沟渠布置

续表

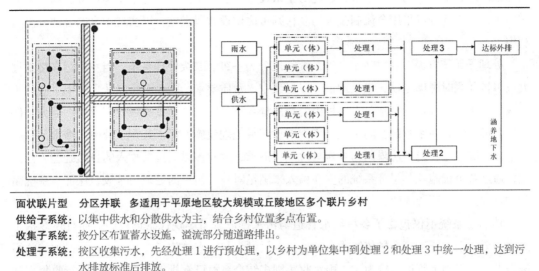

面状联片型　分区并联　多适用于平原地区较大规模或丘陵地区多个联片乡村

供给子系统： 以集中供水和分散供水为主，结合乡村位置多点布置。

收集子系统： 按分区布置蓄水设施，溢流部分随道路排出。

处理子系统： 按区收集污水，先经处理 1 进行预处理，以乡村为单位集中到处理 2 和处理 3 中统一处理，达到污水排放标准后排放。

传输子系统： 供水以供水管道为主，污水和雨水传输以排水管道结合沟渠布置。

图标				
▨ 建筑（群）	▨ 道路	── 污水管道	● 污水处理点	⬚ 村落空间
⦿ 供水点	○ 雨水收集	----- 供水管道	⋯⋯ 雨水沟渠	⬚ 分区边界

乡村水系统空间组织结构中不同大小的点仅代表不同的水基础设施，不表示设施规模大小。例如黑色点表示污水处理设施，从大到小依次表示一级、二级、三级处理设施，具体设施空间规模和设施的空间植入方式则已在第二、三章中详细说明。

表中的单元（体）代表着乡村内部生活单元、生产单元与公共设施三部分，其中生活单元代表乡村院落或院落群单元，生产单元代表乡村内已发展形成的第二、第三产业建筑或产业整体，公共设施则主要指乡村内部居委会、小学、养老院等村内公共建筑部分。

从表 5-4 中可以看出，供给子系统受到地形地势的影响较大，平原地区乡村由于地势平坦，村落建筑相对规整、集中，因此，供水设施多以集中式为主，辅以点状分散式供水，以满足多样性的生活用水需求。山地丘陵地区则多结合乡村实际情况以集中供水和分散供水为主，一般以高处修建蓄水池或由原始泉井引水入户，来满足乡村用水需求。对于一些规模较小且较为分散的乡村，则主要以分散式供水为主，以一户或多户为单位共用一个水源，通过机械压力泵和简易水管等设施将水引到户内。

收集子系统则多以乡村现有泉井、池塘等水空间为基础，结合乡村汇水区域合理布置。在村落层面，多数乡村在治水用水过程中已在乡村汇水区设置排水设施，但随着乡村私建房屋和道路建设的发展，原始排水路径被阻断，导致乡村汇水面改变，从而造成了乡村内涝的出现。因此，在乡村内部增设小型蓄水节点的同时，还需要重新梳理乡村排水通道，实现设施的可持续运行。院落层面则多以雨水收集设施和生态雨庭实现雨水的蓄留，多余部分通过溢流口排入沟渠，最终汇入下一层级调蓄设施中。

目前山东乡村排水多采用雨污合流制排水方式，污水与雨水的统一收集使得雨水资源遭到污染，造成了大量的资源浪费，因此对于未设置排水设施的乡村应采用雨污分流制排水方式为主，对于部分以采用合流制排水的乡村则考虑增设截留设施，以实现雨水的合理分流与利用。

处理子系统方面，乡村污水处理系统一般分为一级、二级处理系统，当乡村污水排量过大或多村并联时考虑增设三级处理设施以保证排水水质要求。图表中黑点从大到小一次代表一级、二级、三级处理设施，需要指出的是部分乡村可能无需增设三级处理设施，但为了保证所有可能性，在水系统空间组织结构中增设三级处理设施。污水处理系统中"涉水"设施的选择一般考虑乡村经济限制与乡村景观风貌需求，因此多以低技低投入的自然处理工艺为主，通过各个设施及其组合系统的空间植入来满足对乡村污水的处理与排放，保证水系统循环的自维持性与可持续性。

传输子系统不仅包含了乡村给水管道与污水排放管道等现代管道设施，而且还囊括了排水沟渠、雨水通道等乡村传统输水设施。乡村供水与污水排放考虑到对水质的保护与防污染需求，多以地埋管道传输为主。雨水收集则多结合乡村已有排水明沟等设施进行收集再利用，多余部分则顺延排水通道排出村外。

5.3　水系统空间与乡村空间的整合设计

5.3.1　水系统空间与乡村空间结合的原则

1."涉水"基础设施的显与藏原则

在水系统空间与乡村空间结合的过程中，水系统是以整体的体系与乡村空间结合，而不是单一的设施植入，因此，在"涉水"设施植入时需要考虑与其他水基础设施的配合。同时，乡村"涉水"基础设施是乡村空间的重要组成部分，各类"涉水"基础设施空间共同构成了优良的景观空间体系，实质性地影响着村落的空间特征。因此，"涉水"基础设施植入应当遵循"显与藏"的原则，对于乡村空间有着提升作用的水基础设施应当结合乡村景观公共节点布置，遵循"显"的原则，从而增强乡村空间的聚集性，促进各种活动的产生，体现设施的多重功能。半湿润区与寒冷区交汇的山东地区乡村常见"涉水"基础设施有泉井、蓄水池、人工湿地、稳定塘、小型水库等，它们不仅是水系统的组成部分，同时也是村民生产生活的主要空间，因此在对该类设施的设计与改造过程中，应结合景观布置形成乡村内部水节点空间，从而消解其余乡村空间的界线，同时为村民提供景观、休闲、教育等多重功能。而对于乡村空间有着消极影响的水基础设施应当结合景观布置，使其融入乡村空间景观体系之中，打破水基础设施的独立性，达到"藏"的目的。如化粪池、污水净化沼气池等设施，考虑其水体可能出现的异味与孳生蚊蝇等问题，设计时应布置在常年风向的下风向部分，同时结合景观植被组团进行遮挡，以减少其对乡村空间的影响。

2.水系统空间动态适应性原则

山东地区乡村水基础设施的建设大多还停留在以技术指标为标准的机械化工程性建设阶

段，习惯于从单一目标入手解决乡村特定水问题，忽略了不同"涉水"基础设施之间的配合，从而导致水基础设施利用率低下。同时，乡村水基础设施同质化严重，在乡村规划中忽略自身需求，强行照搬其他区域乡村水系统运行模式，不仅达不到良好的水循环效果，而且还失去了乡村水空间自身的特色。由此可见，机械化的水基础设施建设模式已经难以适应山东地区乡村发展需求，因此，水系统空间与乡村空间结合过程中，还需满足水系统空间动态适应性原则。

一方面，需要考虑到对自然灾害和人为干扰的适应性。半湿润寒冷地区的季节性气候特征使得乡村水系统在不同的阶段面临不同的问题。山东地区夏季多暴雨，极端暴雨天气频发对乡村排水系统造成了很大的影响，也是乡村内涝发生的主要原因。同时，由于夏季炎热，村民日常洗澡次数增多，乡村日常生活用水量和污水排放量都有极大的增加，而冬季由于气候寒冷，乡村污水排放量则相对较少。因此，水系统空间植入中需要考虑到对乡村的地域差异和环境动态变化的适应力。如生态沟渠、稳定塘、人工湿地等，不仅起到净化污水的作用，而且对乡村雨水的调蓄和污水的处理也有一定的承受范围，对于乡村自然灾害具有一定的吸收能力与恢复能力。

另一方面，随着乡村建设的推进，多元化与复杂化是乡村未来发展的方向，因此还需要考虑到乡村未来发展对乡村水系统的影响。乡村水系统植入需以乡村环境特征为依托，在满足"涉水"基础设施功能要求的同时，因地制宜地结合乡村地形地势、自然环境、产业类型、生态要求等方面内容设计成不同的形式，以符合乡村阶段性发展的需求。

3. 水系统空间与乡村"三生"发展的多维结合原则

乡村水系统不是简单的工程性设施，其在与乡村空间结合的过程中，与乡村"三生"发展有紧密的联系。一方面，乡村水系统植入过程中囊括了乡村水代谢循环的多重功能，如供水、排水、雨水循环、水资源保护、农业生产、生态系统维持、防洪安全等各个部分，为半湿润寒冷地区乡村的生产、生活、生态发展提供了完整的支撑系统；另一方面，乡村水系统在实现乡村水资源循环的基础上，还是协调乡村经济、生态、社会文化等多维空间的综合体，从而引导乡村"三生"的可持续发展。如乡村水系统在植入过程中梳理乡村原始水系空间，弥合了以往乡村在建设发展中与自然之间的裂隙，恢复了乡村空间的自然生产力，从而推动了乡村传统产业的发展；水生态的恢复与空间环境的提升则对于乡村生态环境保护和第三产业的发展有着很大的影响。因此，水系统空间与乡村空间的结合中要满足与乡村"三生"发展的多维结合原则。

5.3.2 水系统空间与乡村空间骨架的结合

乡村对空间骨架的研究是乡村规划的重要环节，也是乡村进行产业发展与升级的重要依据。乡村空间骨架的确定以乡村区位条件、自然环境、资源条件、产业发展、建筑现状等方面的全面调研分析为基础，因此，乡村空间骨架不仅能够明确反映出乡村现有的村落形态、建筑布局、道路体系、产业分布、公共空间等信息，而且在一定程度上能够反映出乡村未来的发展方向。而水系统在乡村空间植入过程中通过结合乡村空间骨架反映出的信息进行一定的超前化设计，在满足乡村现有水循环的基础上为未来乡村发展预留一定的空间，从而保证乡村可持续发展。如供水系统中蓄水池的建设除了满足乡村生活用水以外，还需预留一定的产业用水；处理子系统中的水处理设施应该具有一定的承载力，以应对一定范围内污水量的增加。

5.3.3 水系统空间与乡村产业发展的结合

水系统空间植入不仅为乡村整体空间景观格局带来了多样性的变化，而且不同乡村空间尺度下"涉水"设施功能的应用也增加了乡村空间体验感，突出了乡村地域特色的景观生态价值，推动了乡村第三产业的发展。一方面，乡村水系统结合乡村传统用水空间，在恢复乡村良性水生态系统的同时，重现并传承了乡土特色空间与文化内涵，提升了乡村整体空间景观的品质，展示了乡村空间的地域特色。另一方面，良好的景观空间与生态环境也有利于乡村产业发展与升级，因地制宜地将乡村自身特色与水系统空间相结合，发掘乡村的魅力，在乡村现有产业的基础上推动第三产业的发展，形成具有特色的乡村休闲农业、风景旅游业以及民俗文化等产业，以促进乡村产业的多元化发展，形成乡村水系统与产业发展的双链融合。

针对乡村内不同水系空间的改造，应结合乡村空间属性进行不同的设计，以改善乡村景观环境。在现有水系空间梳理及周边环境研究的基础上，考虑乡村现有水空间是否与其他水体连通，是否作为乡村水系统构成要素承担一定的理水职能以及是否需增设相应的亲水平台以创造乡村活动空间等。同时，对"涉水"基础设施的引入需考虑其自身与周边的建筑、景观、构筑物等非水系统构成要素之间的协调设计。乡村内具有地域特色的空间节点与文化遗产也可以与点状水空间相结合，打造具有乡村特色的水域空间环境，在保护与展示文化遗产的同时，推动乡村文化产业的发展。

以济南朱家峪村为例，在对朱家峪村水系统空间的组织中，将水系统空间与乡村旅游产业结合，以"水"为引，串联乡村旅游动线，在恢复乡村水代谢循环的基础上，结合乡村民俗文化创造不同的休闲活动空间，增加游客的游览体验，从而达到吸引外来游客、增加旅游消费、带动旅游产业多元化发展的目的。供给子系统方面，朱家峪村丰富的地下水资源使得村内泉井众多，如双井、东西井、北头井等，它们既是乡村生活供水点，也是乡村内的小节点空间，通过对泉井空间的景观改造，在保护水源的同时，也形成各具特色的休憩节点和开放空间。收集子系统方面，砚湖、长寿泉、坛桥七折等空间是乡村雨水收集的重要空间，通过对该类空间的清淤梳理，并结合水生植物的引入和景观化的营造，恢复并加强其传统调蓄职能，同时融入旅游产业项目，发展形成拍照、观星、夜跑等线性项目。处理子系统则主要体现在人工湿地的设计方面，通过多物种搭配，形成生物链，在实现生活、生产污水的净化处理的同时，提高乡村生态韧性，保护乡村景观风貌，增设栈道、亲水平台等游憩设施，增强水域互动体验感，结合观光农业片区整体规划，形成漫步、植物鉴赏、农业休闲等体验项目。传输子系统方面，乡村供水与污水传输多依靠敷设地下管道以实现便捷性，因此，与朱家峪村产业相关联的是排水沟渠等排水系统，通过对下崖沟的整体生态化改造，结合周边文化建筑，形成不同的广场空间与亲水平台，提供多样化的休憩娱乐体验。如在汇泉桥处结合古戏台布置，形成古戏台亲水广场，引入喜剧表演与户外影院等项目，拓展朱家峪村夜间活动的多样性（表5-5）。

水系统与乡村产业融合示意　　　　　　表5-5

水系统空间	代表空间	优化设计	产业融合	
供给子系统		运用铺地区分空间，结合植被与景观座形成天然遮阳休憩空间与滨水空间	结合旅游动线设计，形成道路空间的转折点与休憩空间，营造适宜的微气候空间	
收集子系统		清除池底淤泥，提高砚湖调蓄能力，结合景观布置突出空间特色	旅游主线的重要枢纽空间，可结合旅游产业形成拍照、观星等线性项目	
处理子系统		多物种搭配，形成生物链；增设栈道、亲水平台等游憩设施，增强水域互动体验感	结合文昌湖形成入口景观空间，同时与观光农业区结合，形成夜跑、植物鉴赏、农业休闲等体验项目	
传输子系统		改造为生态沟渠，同时利用交错的河道提供多样化的游憩体验空间	交叉节点空间结合古戏台设计成为广场空间，引入喜剧表演、户外影院等模式，扩展乡村夜生活的丰富性	

5.3.4　水系统空间与乡村院落空间的结合

在乡村水系统之中，化粪池、雨水收集设施、生态雨庭、小型人工湿地和排水沟是与乡村院落空间联系最为紧密的"涉水"基础设施空间，各部分的合理植入，对于改善院落空间品质有着很好的促进作用。考虑到大部分山东地区乡村院落都具有一定的种植空间，可通过增设小型菜地，结合化粪池实现资源的再利用，将厕所污水和养殖污水排入化粪池，化粪池中溢流出的污水则通过管道输送到菜地，通过土地净化后进入排水管道，这既可改善乡村院落空间环境，增强土地肥力，又能产生一定的庭院经济，增加村民收入，修复并延续乡村院落空间的传统排水模式。雨水收集设施可结合生态雨庭、小型人工湿地等景观生态设施进行一体化设计，既可加强乡村院落对雨水资源的利用，实现院落空间的多资源利用，又可提升居民生活空间的宜居性（图5-5）。

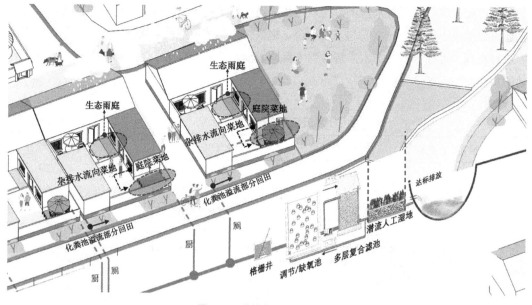

图 5-5　院落空间改造示意图

5.3.5　水系统空间与乡村道路体系的结合

乡村道路空间作为县域道路网的重要组成部分，是串联各个乡村以及乡村内部空间的重要纽带。与此同时，乡村道路体系也受到乡村水系统空间组织的影响，主要表征在控制地表径流与扩展景观动线两个方面。

一方面，乡村道路是雨水径流的重要载体之一，对乡村雨水的收集、利用有着重要的影响，因此乡村道路体系应结合水系统空间合理布置，以实现对乡村雨水资源的收集与利用。平原地区乡村道路排水多依靠道路坡度向两侧排放，因此可以在道路两旁增设线性雨水花园或植草沟等蓄水设施，通过植物与碎石的滞留、过滤、吸附等功能，减缓雨水径流流速，对雨水中部分污染物也有一定的去除作用，可利用弹性的排蓄空间降低雨水对乡村排水系统造成的压力，减少自身水源的污染，溢流雨水排入道路周边的湖泊、水田等空间之中。山地丘陵区域乡村交通空间多受地形高差影响，沿等高线以适宜的坡度建设，其自身具有一定的排水功能且多设置排水明沟，因此，山地丘陵乡村可利用小型生态边坡技术、雨水花园技术等将传统排水沟改造为生态明沟，通过植被种植与碎石铺装，使其承担生活用水排放、雨水收集、初步净化等功能，以用于生产生活，形成水的循环利用，同时还能结合交通空间形成乡村线性景观，以提升乡村空间环境的品质。对于部分已用水泥封底的排水沟渠，建议分段恢复蓄水层，在流速较缓区域恢复软质垫层，缓解乡村排水压力（图 5-6）。

另一方面，水系统与乡村道路体系结合还有利于扩展乡村景观动线，形成乡村线性景观空间。在乡村道路体系规划中，除了要考虑到直达性和最小工程量以外，还应该考虑道路景观性与行人的体验感，将道路空间与水系统节点景观空间结合布置，在原有乡村道路系统的基础上拓展景观动线，形成新的道路体系，可增强村落空间的活力和邻里之间的交流。

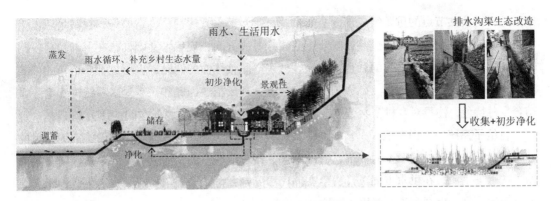

图5-6   山地乡村道路排水沟渠改造示意图

　　四川省德阳市高槐村在乡村规划中注重道路系统与人工湿地等水系统空间的结合，形成了多样的道路空间体系。规划整体从水域空间入手，梳理乡村现状汇水路径，利用现有高差，以重力自流为主要营建原则，通过沟、塘、湖、泊等自然方式实现分洪治涝、蓄集、净化水系；在污水处理上，结合现有水空间，采用人工湿地生态处理模式，可在满足后期多业态的排污处理需求的同时，保护乡村生态环境。同时，以乡村原有交通空间为基础，结合各具特色的滨水节点空间，形成内部新的旅游动线，丰富乡村游览与观光体验，拓展乡村景观旅游道路体系（图5-7）。

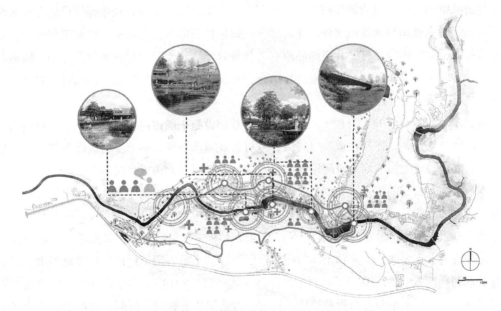

图5-7   高槐村旅游动线拓展示意图

图片来源：http://www.landscape.cn/planning/10515.html

5.3.6   水系统空间与乡村公共节点的结合

　　水系统的植入与乡村公共节点空间有着密切的联系。一方面，除了涵盖现代用水治水技术以外，乡村水系统中还包含了乡村传统"涉水"基础设施，而这些传统的"涉水"基础设施又是乡村公共节点的重要组成部分，如泉井、蓄水池、氧化塘、稳定塘等，在满足用水治水的同时，也是乡村重要的公共景观节点空间。另一方面，现代水基础设施在引入乡村空间时也注重与乡村景观和空间的融合，在保持村庄空间整体性的同时，也形成了乡村新的公共节点空间，例如土地处理单元、人工湿地等生态处理设施。因此，在乡村水系统构建中，需结合乡村特色，注重对乡村公共节点空间的景观化营造，以增强乡村空间的活力。

供给子系统中，山东地区丰富的地下泉水资源使得泉井、蓄水池等供水设施成为常见的乡村公共节点空间，对于乡村内部已有的井泉、蓄水池等空间，需进行防渗改造，防止污染物渗透污染水源。在供水点周边设置生态隔离绿化带，可减少雨水径流与生活生产污水对地下水源的污染，也有利于改善周边环境。

收集子系统中与乡村公共节点空间联系密切的主要有溢流池、生态沟渠、堰塘等空间。根据山东地区乡村夏季多暴雨，冬、春及晚秋易旱的降雨特征，合理布置溢流池、生态沟渠、堰塘等雨水收集设施，以保证在暴雨时，乡村排水系统的负荷不会瞬时增加。溢流池、生态沟渠、堰塘等空间可结合植物进行生态设计，通过在各个空间周边与内部水系引入适宜的本土植物，进一步增强其净水功能和观赏功能，为村庄营造休憩空间，增强对村庄土地的多功能利用。

处理子系统中的土地处理单元、生态沟渠等生态处理设施由于自身占地规模较大，在空间落位中对乡村空间有着很大的影响，因此需注重该类设施与乡村空间的融合性。同时，多数乡村公共空间的形式与功能都较为单一，因此，人工湿地、土地处理单元等设施在植入时除了要满足污水处理与景观需求外，还需要兼顾娱乐性与休闲性等需求。已有工程表明，乡村水系统植入对于提升乡村公共空间品质有着显著效果。广州莲麻村在乡村改造中，因地制宜地将人工湿地与村庄公共低洼闲置地相结合，在满足乡村污水处理需求的同时，对其进行景观营造，形成了乡村休闲娱乐空间。

乡村水系统中与公共空间相关联的"涉水"基础设施一般占地规模较大，在乡村内构成一定的面状景观空间，连接性道路空间结合乡村景观需求布置，形成乡村线性景观系统。泉井、蓄水池、溢流池、堰塘等空间则分散布置在乡村空间内，构成乡村节点空间体系，使得乡村水系统在乡村空间植入过程中形成点—线—面不同层次的景观环境，从而实现对乡村整体空间环境的改善与提升。

河北省高家铺村在重塑乡村水循环的规划设计中，将乡村中部和南部的废弃水塘因地制宜地改造为人工湿地，既弥补了高家铺村管网设计的不足，便于村民就近排放污水，同时也有效地利用闲置空地，改善了乡村空间品质（隋朋贤，2013）。湿地设计中，保留场地内部原有树木，结合水系布置与景观植物的搭配，营造了生态廊道，同时，在内部景观路线上结合亲水栈桥、平台等活动空间的布置，形成了乡村主要公共活动空间；道路系统上，结合水系流动方向，建立了慢行步道与骑行通道，与乡村原有道路有机结合，丰富了空间活动类型，激发形成了多样性的活动项目。整体环境上，湿地景观与周边环境和谐统一，植物和景观小品做到淡雅、朴素，展现出了高家铺村的特色资源优势，体现了地域特征，并与周边绿化、小广场等空间形成了乡村公共空间体系（表5-6）。

公共节点与人工湿地结合示意　　　　　　　　　　　表 5-6

公共节点	空间形式	设计策略	具体案例分析
休闲广场		结合北侧空闲用地，设置休闲广场，并且与人工湿地的水域景观遥相呼应	
亲水平台		在水景观开阔处设置亲水平台，营造旷远的景观意境，在亲水平台的宽阔处用植物的点缀做成水上花园和观景台	
健身广场		景观设置贴近自然，用材以鹅卵石和木材为主，在较为平坦开阔的地面布置健身器材、座椅等	
滨河景观		结合乡村的土壤、水质特征，选种乡土植物。特别要注意控制植物的覆盖面积，预留一定的水面空间，保留通透性	高家铺人工湿地节点布置图
生态浮岛		步道的铺装主要采用如砖、渣石、毛石、卵石、嵌草等，注重游览细部并且为人们提供最佳观赏视点、视域	

5.4 水系统空间组织结构适变流程

　　整合水系统空间组织的乡村空间设计总体上可以分为前期分析、概念生成、设计深化和最终设计成果展示四个部分，而水系统的空间组织则贯穿整个设计流程，通过其对乡村空间、景观、经济、环境、社会等方面的效能影响着村落的空间布局特征，实质性地影响着乡村空间规划设计，这里以济南朱家峪村为例。

　　从空间层面来说，朱家峪村丰富的水系分布使得乡村水系统与乡村空间和产业发展有着紧密的联系，通过对现有水系的梳理与"涉水"基础设施的合理布置，结合水生植物的景观化设计，有利于改善乡村生产、生活环境，创造休憩空间，提高乡村整体空间品质。

　　从景观层面来说，乡村水系统在改善朱家峪村水环境的同时，结合乡村道路、节点、公共空间等部分，通过植物的合理搭配，维护乡土特色景观风貌，突出乡村景观特色。

　　从环境层面来说，人工湿地、生态沟渠等生态处理设施结合本土水生植物设置，有利于保护朱家峪村整体环境，维持乡村物种的多样性，增强乡村水生态韧性，同时也有利于形成一定的景观特色。

　　从经济层面来说，在生态设施植物配置上多选择兼具净化能力与经济价值的水生植物，与乡村观光农业有机结合，可在一定程度上增加朱家峪村民的收入，同时，良好的空间与景观环境则有利于吸引外地游客，从而促进乡村旅游产业的多元化发展，有利于形成朱家峪村产业生态闭环，推动乡村经济发展。

从社会效益来看，在朱家峪村水系统组织中，延续了乡村传统排水体系，保留了乡村传统排水空间，展示并传承了朱家峪村的地方特色，提升了村民对乡村发展的认可，鼓励村民参与到对古村的保护发展中，推动乡村的良性建设。

水系统的各个效能之间相互促进、相互影响，如乡村环境提升有利于促进空间品质的提升与景观风貌的维持，而空间品质提升又对乡村经济和社会文化塑造有着良好的推动作用，从而促进乡村产业经济多元化发展。

因此，整合水系统空间组织的乡村空间设计总体可以分为四个部分。首先，通过整理调研村庄相关资料，建立相关村庄的基础数据库。对村庄的地貌特征、路网结构、水文特征、空间结构、产业构成等对村庄空间影响较大的因素进行分析，为后期设计提供依据。通过整理分析国内外最新研究成果，在笔者所在研究小组的前期研究成果的基础上，分析山东地区乡村水系统整合下的乡村发展方向。

其次是概念生成阶段。通过对乡村水系统空间的研究，总结水系统整合后为乡村带来的积极能效，结合村落实际情况为乡村未来发展提供基础，同时，对于水系统空间模式的选择和"涉水"基础设施的选取也有着重要影响。结合乡村现状与未来发展方向，合理规划内部"涉水"基础设施，以保证乡村水生态系统形成良性循环，为乡村生产、生活、生态发展提供基础。从环境景观、生态效能、经济效益、文化效应、空间效果等方面分析整合水系统为乡村带来的积极意义。乡村水系统整合后能美化生态环境，增加生物多样性，优化产业结构，鼓励村民创业就业，带动区域经济发展，展现当地文化特色，传播优秀传统文化，提升乡村的空间品质，丰富村落空间结构，增加层次感与空间趣味性。结合水系统的积极效能与乡村产业发展需求，形成乡村概念规划。

然后，进行乡村初步规划设计。先厘清村庄现有的水系统组织方式，梳理村内"涉水"基础设施，对其进行价值评估，建立修复机制。对于对村落空间影响显著的"涉水"基础设施进行空间规模的计算，为其能够具体落位村庄提供保障。对村内的"涉水"基础设施进行系统的整合，初步形成该村庄的水系统空间；优化村庄空间，改善人居环境；修复村落肌理，修葺老旧房屋，美化沿街立面；完善道路交通网络；按照新时代乡村的需要，更新建筑功能，充分利用闲置空间，最大化提高既存建筑的使用率；在村里加强基础设施建设，活跃公共场所，弥补农村基础设施的短板和公共服务的不足；开发特色的农村产业，建立以资源优势为支撑的特色产业链，促进三产融合发展；综合改善农村生产、生活和生态空间布局。

最后，运用前文提出的设计策略，用案例村校验研究成果。在前三步的基础上，通过对乡村功能分区、道路组织、公共节点与景观分布、生态持续的综合考虑，形成朱家峪村最终规划方案（图5-8）。

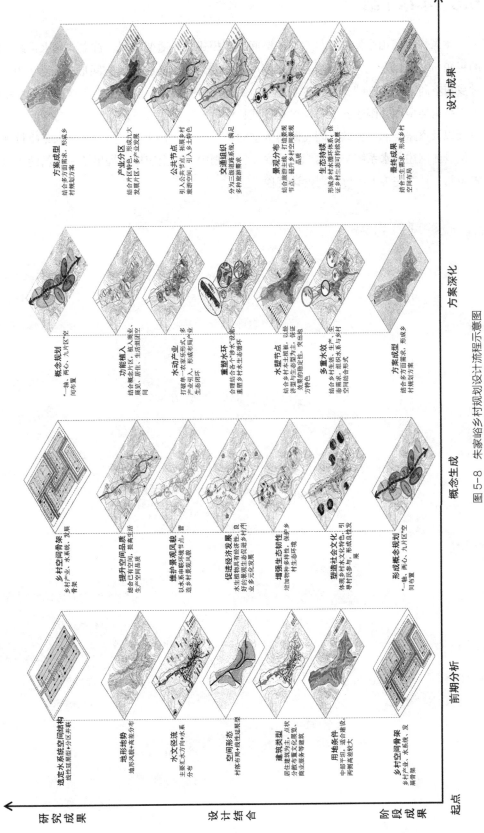

图5-8　朱家峪乡村规划设计流程示意图

5.5 本章小结

　　本章探讨了山东地区乡村水系统空间组织模式及其适变应用。首先，从水系统空间组织的视角研究了山东地区乡村空间形态影响因素，归纳了8种乡村空间形态类型；其次，以8种乡村空间形态为基础，结合水系统空间组织的研究方法，建立了山东地区乡村水系统空间组织结构类型库并阐述各子系统设计模式；然后，分析了水系统空间与乡村空间结构、产业发展以及道路空间、公共空间、院落等空间的整合设计方法，最后，结合朱家峪村规划设计案例具体阐述了水系统空间组织模式在乡村规划中的适变应用，提出了一种新的乡村规划设置思路，补充完善了乡村规划设计流程。

6

山东地区乡村
水系统空间组织
模式适变应用

　　本章节主要探索的是水系统空间组织模式的适变应用，以第五章节分析的乡村水系统空间组织模式为依据，结合不同类型乡村的具体发展现状，对水系统空间组织结构进行适应性变化，以期更好地契合乡村发展需求。考虑到山地和丘陵地区乡村在空间布局与特征上存在较多共性，与平原地区乡村空间存在较大差异，因此本章主要选取具有典型山地村落特征的朱家峪村和具有典型平原村落特征的木兰沟村为例，探讨乡村水系统在不同类型乡村规划设计中的应用以及对乡村"三生"发展的影响，从而保证研究的科学性。

6.1　山地型乡村选型及适变应用——以济南朱家峪村为例

6.1.1　"因水而起"的前期分析

　　朱家峪村位于山东省济南市章丘区官庄镇东南部山区，距镇中心约 4km（图 6-1）。现今，朱家峪村分为古村和新村两部分，古村东南西三面环山，新村位于古村北部平原地带。

　　由于新村建成时间较短，已无传统村落的特征，而古村历史悠久，较为完整地传承了传统村落的各类特征。因此，本书的研究边界限定于朱家峪古村范围，不考虑新村的各种因素，题目及下文中的"朱家峪村"即表示"朱家峪古村"（图 6-2）。

朱家峪村

图 6-1　朱家峪村区位

1. 自然环境

　　地形地貌方面，朱家峪村三面环山，东邻白虎岭，西依笔架山，南接胡山与圣水灵泉，北部为平原地区，整体地形呈现出南高北低、东西高、中间低的特点。村落地貌上为不完全闭合形态的山间沟壑，东西两侧坡度较大，中部地势相对平坦，因此，村落中部建筑较为密集，两侧较为分散（图 6-3~图 6-6）。

图6-2　朱家峪古村与新村位置关系

水文特征方面，朱家峪村属于半湿润寒冷气候区，雨热同期，夏季炎热多雨，冬季寒冷干旱，年平均气温为12.8℃，年平均降水量为650mm。每年4月初至5月下旬为春季，平均气温为13.6℃，平均降水量为84.5mm；5月下旬至9月上旬为夏季，平均气温为25.9℃，平均降雨量为421.4mm，占全年降水量的64.8%；9月上旬至11月初为秋季，平均气温为13.6℃，平均降水量为123.5mm；11月初至3月底为冬季，平均气温为-1.8℃，平均降水量为20.8mm，占全年降水量的3.2%（图6-7）。

溢流水系上，由于乡村地形呈现出内凹形态，雨水从东、南、西三个方向汇聚于村内，形成四条汇流分支。一是文峰山与笔架山之间的东井、西井支流，顺南侧沟渠流入砚湖。二是文峰山的长寿泉支流，经坛桥七折、康熙桥后与支流一同汇入砚湖。三是东侧白虎岭径流形成长流泉支流，与前两者于北头井处合并而下。四是由青龙山笔架山形成的溢流水系，由西侧西园水库储存。溢流水系通过西侧沟渠与前三者汇于汇泉桥处，一同流入村北蓄水池——文昌湖中，再由溢流口排入村外水系中。村落中分散布置着众多井、泉等空间，不仅承担着乡村供水和雨水收集功能，也是当地村民交流闲谈的主要公共空间（图6-8）。

2. 资源条件

人口特征方面，朱家峪村由于大部分建筑年代久远，基础设施配套不完善，已经越来越不能够适应现代生活的发展需求，大多数村民都搬迁至古村北面不远处的新村居住，现今古村居住人口约为150人，且以老年人口居多。

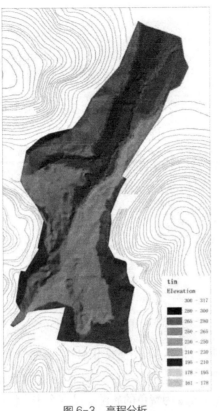

图 6-3 高程分析

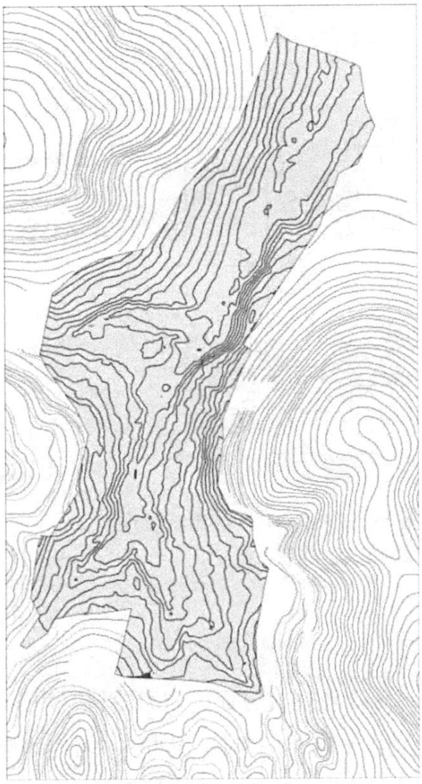

图 6-4 等高线分析

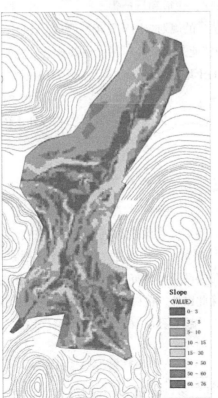

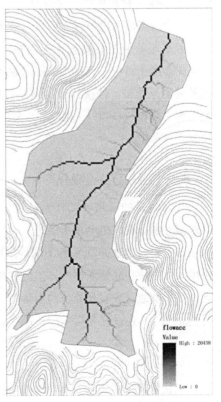

图 6-5 坡度分析

图 6-6 水流量分析

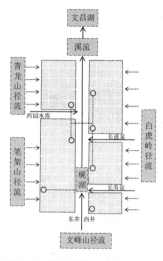

图 6-7 朱家峪村汇水流向示意图
图片来源: 作者改绘

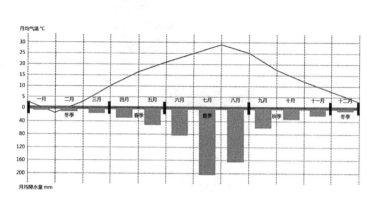

图 6-8 气候特征

产业现状方面,朱家峪村是山东省唯一的"中国历史文化名村",2014 年被正式批准为国家 AAAA 级景区。同时,因作为电视剧《闯关东》的主要拍摄地点而被国内外熟知,以保存较为完整的鲁中山地乡村风貌和《闯关东》为特色的旅游业是现今朱家峪村的支柱产业。围绕旅游业,村内形成了文化展示、餐饮、住宿和特产售卖等业态。但是除了文化展示之外,其余业态多为村民自发形成,缺少统一的规划,同质化现象严重,特色不足。

除了旅游业及其周边产业之外,种植业是朱家峪村另一重要产业,主要种植粮食作物和果树。由于古村三面环山,适合耕种的土地资源极其有限,因此农田主要分布在古村北部村外的平原地带,种植的作物主要有高粱、谷子、玉米和小麦等。村里种植的果树有苹果、桃、枣、花椒、核桃、石榴等 10 余种,除在周边山地和果园集中栽种外,在各家房前屋后也有零星种植。

3. 现状交通和公共设施分析

朱家峪村的道路可以分为机动车道、村落主路、村落次路和村落支路。机动车道沿村落东侧外围布置,机动车不能进入村内,停于机动车道旁的 3 处停车场内。村落主路沿村内水系布置,村落次路联系各个居住组团,村落支路则通往村内各住宅 (图 6-9)。由于现今村民大多居住在北侧新村内,因此村内公共设施大多布置于新村,古村内公共设施则较为缺乏,只简单地设置有几处公共卫生间。除此以外,在村外新建的游客服务中心内,除了公共卫生间之外,还设置有医务室、警务室等设施 (图 6-10)。

4. 现状建筑分析

现状建筑质量方面,朱家峪村现存建筑多以砖石或土坯砌筑而成,其中,土坯建筑占

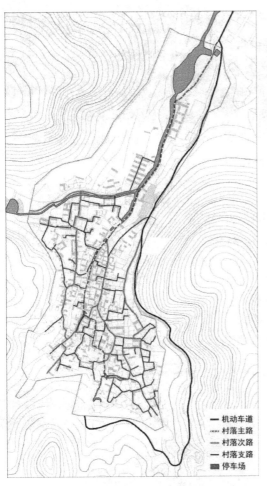

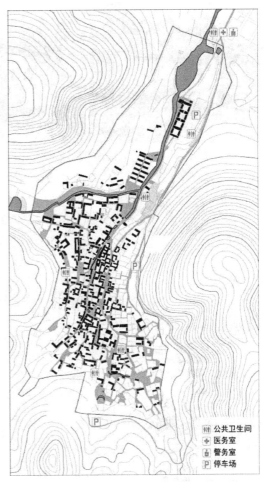

图 6-9　现状交通分析　　　　　　　　　图 6-10　现状公共设施分析

比较大，砖石建筑数量较少，还有部分建筑则采用下砌砖石、上砌土坯的形式。如今现存的砖石建筑都较为完好；以土坯为主要材料的建筑已经有一部分出现不同程度的损坏，更有甚者，建筑已经完全损毁，只留下了残垣断壁或空旷的宅基地（图 6-11、图 6-12）。

现状建筑功能分布方面，朱家峪村现状建筑承载的功能主要有以下几类：占比最大的居住建筑；具有一定历史意义及展示功能的建筑；为游客服务的餐饮、小卖部、旅馆等商业建筑；公共卫生间。展示建筑分布于村落主路两侧，由具有纪念意义的建筑改造而成，如山阴小学、朱开山故居等。商业建筑分布于村落主路和村落次路两侧，由原先的民居改建而来。公共卫生间共有 6 处，除村落入口处游客中心内的公共卫生间外，其余均散布于村落的各个不甚显眼的角落。居住建筑多位于村落次路和村落支路两侧，周边较为安静（图 6-13）。

图 6-11　建筑现状

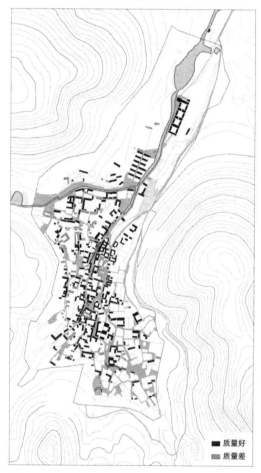

图 6-12　现状建筑质量分析

图 6-13　现状建筑功能分析

5. 典型居住院落现状分析

朱家峪村民居为传统的院落空间形式，具有外向封闭、内向开敞和严格的等级划分等特征。外向封闭是指整座院落的外墙很少开窗，即使开窗，尺度也比较小，且多位于路上行人的视平线之上，保证居住的私密性；内向开敞是指房屋主要在面向庭院一侧的墙面上进行开窗，以满足采光和通风的需求；严格的等级划分是指院落中各个房屋的等级具有高低之分，与家庭成员的身份相对应。根据平面组合形式的不同，朱家峪村居住院落可以分为四合院和三合院（表 6-1、表 6-2）。

典型四合院现状　　　　　　　　　　　　　　　表6-1

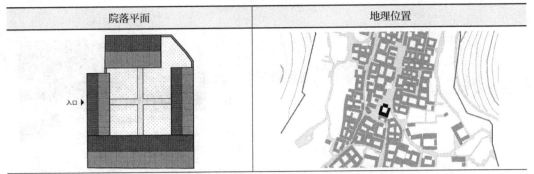

院落平面	地理位置

说明：该四合院位于砚湖东侧，受地形限制，北面正房只有两间，东北部空缺部分用围墙进行围合，入口位于西侧厢房中部，院内设有道路联系各屋

典型三合院现状　　　　　　　　　　　　　　　表6-2

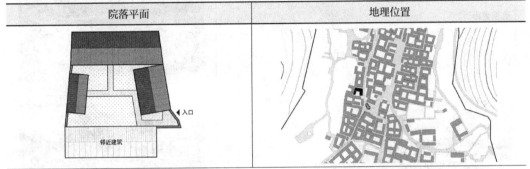

院落平面	地理位置

说明：该三合院位于砚湖西北侧，由北面正房、东西厢房和南面别家的房屋围合而成，在东南角围墙处开设入口，院内设有道路联系各屋和院落入口

朱家峪村的四合院平面布局与中国传统四合院较为一致，一般以北屋为正房，左右两屋为厢房，南屋为倒座。正房和倒座一般为三间，左右厢房为两间。正房的等级最高，为客厅和家中长辈的住处；左右厢房次之，为儿孙的住处；倒座的等级最低，作为厨房、卫生间或杂物间。一般设置门楼或利用厢房的其中一间作为院落的出入口。

6．现状水系统分析

由于朱家峪村三面环山、北部为平原的地形特征，三面山上的水流呈树杈状汇于村内。共有四条支流从不同的方向汇于朱家峪村内：一是源于村落南侧文峰山山脚的长寿泉支流，依次经过坛桥七折、康熙双桥，到达砚湖；二是源于东南侧山上的径流水系，流入坛桥七折，与支流一在此合流；三是源于村落西侧笔架山和南侧文峰山间的支流，通过东井与西井之间的道路和沟渠，到达砚湖，与支流一、二汇集后在此相汇，合流下行；四是源于西侧笔架山和青龙山的泉水，流入西园水库进行暂时存储，再向东与前面三条支流的合流汇于汇泉桥。四条支流在汇泉桥合流后通过河道向北流入村落最北处的文昌湖，再通过溢水口与村外的河道相连，最终流向北面的农田（表6-3）。

现状水系统总图 表6-3

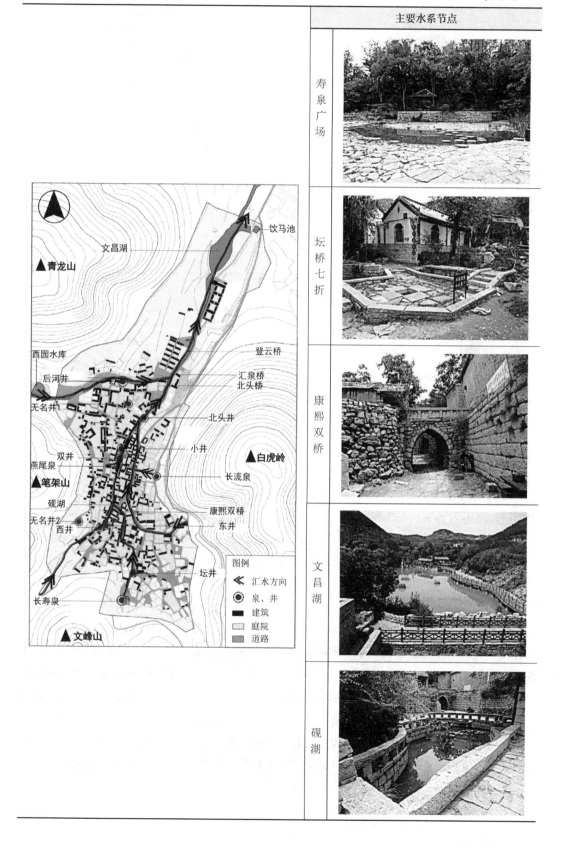

根据各类"涉水"空间形态的不同，可以将朱家峪村的各个重要"涉水"空间分为点状"涉水"空间、线状"涉水"空间和面状"涉水"空间。

1）点状"涉水"空间

点状"涉水"空间可以分为泉水空间和公共水井空间。济南由于具有丰富的泉水资源，被称为"泉城"，在城区周边的乡村，有许多受泉水影响形成的泉水聚落，朱家峪村就是其中之一。朱家峪村现存三处泉眼，分别是位于村落东侧的长流泉、位于村落中部的燕尾泉和位于村落最南端的长寿泉。长流泉由两个崖壁上相邻的拱形石洞中的泉眼组成，泉水从洞内崖壁上的石雕兽口流出，跌落到下面的方池中。长寿泉泉眼位于地下，泉眼处筑有泉池（图6-14），周边围绕泉池修建形成了寿泉广场（图6-15），广场上有一月牙形水池，承接长寿泉溢流而出的泉水，多余的泉水则继续汇入北面的河道；燕尾泉位于民居旁的石壁中，石壁下方修有泉池，只在雨水充沛的时节才有大量泉水涌出，因此泉池尺度较小（图6-16）。

图6-14 长寿泉　　　　　　　　图6-15 寿泉广场　　　　　　　　图6-16 燕尾泉

村内各处现存9处公共古井，为村内居民重要的生活用水水源。但是由于没有统一的管理，大多年久失修，缺少必要的取水设施，卫生情况较差，也没有发挥出过去水井边的社交功能。

2）线状"涉水"空间

线状"涉水"空间分为道路、沟渠和河道。朱家峪村的道路均由青石板铺就而成，除了满足居民的通行需求外，暴雨之时还承担着排水通道的功能，最典型的代表便是康熙双桥处。康熙双桥由两座石桥组成，位于坛桥七折和砚湖之间的道路上空，连接位于高台上的建筑。平时，桥上和桥下均可作为行人的通路，因此也被称为"立交桥"。暴雨之时，下行道路作为泄洪的通道，不能满足人们通行的需求，便可通过上行的两座桥来解决交通问题。道路两旁的沟渠则承担着晴天和小雨之时排水的功能（图6-17）。

朱家峪村的排水系统没有进行雨污分流，雨水和生活污水均排放到附近的沟渠（图6-18），再传输进河道（图6-19）。南北方向贯穿村落的河道是朱家峪村最主要的排水通道，河道两旁的雨污水均通过道路和沟渠汇入其中，由于生活污水的排入，导致河水污染较为严重。

3）面状"涉水"空间

面状"涉水"空间为村内几个较大的水流汇集处，分别是西园水库、坛桥七折、砚湖和文昌湖。

西园水库位于村落最西侧山脚下，是朱家峪村重要的蓄水设施，主要存储由西边山体发

图 6-17　康熙双桥

图 6-18　沟渠

图 6-19　河道

源的泉水和地表径流雨水，根据村落季节性的水量变化，对整个朱家峪村的用水进行调节和绿化灌溉。

坛桥七折是位于长寿泉下游，由坛井和沿曲折河道布置的 7 座石桥（现存 4 座）共同组成的一处汇水空间。坛井中的井水来自文峰山下的潜流，水质良好，是周边居民生活用水的重要来源。井台由青石板铺就而成，在东北和东南方向分别与一座石桥相连。在雨季，上游洪水途经此处，曲折的河道和放大的蓄水空间可起到迟滞洪水的作用，防止洪水对下游的房屋造成破坏。两岸树下布置有石槽、石桌和石凳等日常生活用品，常有村民在此浣衣、休憩和闲聊，是村中一处重要的公共交流空间（图 6-20）。

砚湖位于康熙双桥下游路口处，是南侧长寿泉支流和西南侧支流的汇集之处。平面呈葫芦状，葫芦底为入水口，位于湖东南侧。葫芦口为出水口，位于湖的西北侧。湖内种植有多种水生植物，可以对水质起到净化作用。岸边的石砌栏杆不仅可起到防护作用，同时也可作为石凳使用，与坛桥七折一样，同样是可供村民休憩、交流的公共空间（图 6-21）。

文昌湖位于村落的最北面，紧邻朱家峪村北面主入口，是村内所有径流出村之前的最终汇聚之处。文昌湖水面宽大，通过沟渠承接来自上游的客水，湖上修建有亭子、木质栈道和观景平台等水上设施，湖内点缀有几处水生植丛，湖水较为浑浊。由于距离村民居住地点较远，因此鲜有村民来此，多为游客在此驻足停留，但是较差的水质使得文昌湖整体的景观效果大打折扣（图 6-22）。

4）传统低技用水智慧

朱家峪村在用水智慧方面最显著的一点就是对雨洪的管理。由于一年中的大部分降雨都集中在夏季，暴雨引发的山洪对村落的安全产生了较大的威胁，朱家峪村在应对雨洪方面积累了丰富的经验。雨季之时，雨水通过道路和沟渠汇入河道，排往下游。由于朱家峪村南北

图 6-20　坛桥七折

图 6-21　砚湖

图 6-22　文昌湖

高差较大，倾泻的洪水容易对建筑造成危害，因此便将河道在几处进行弯曲处理，并在坛桥七折、康熙双桥处放大空间，以减缓洪水的流速，使之难以再对建筑产生危害。

　　由上述分析可知，朱家峪村水系统空间模式的选择主要受到水系统布局形式选取和"涉水"基础设施选取这两方面的影响。结合上述调研分析可知，朱家峪村整体在空间形态上呈线性延展型布局，地势南高北低，东西高、中间低，可建设用地多集中在中部区域。雨水从东、南、西三面汇聚，在村内形成溢流水系，将乡村空间划分成五个部分。村域范围内土地资源紧缺，可满足大规模"涉水"基础设施落位的空间较少。虽然该村第三产业产值目前偏低，但是考虑到未来乡村发展的扩展性，水系统组织布局须具有一定的弹性空间，以适应乡村发展需求，因此适合朱家峪村的水系统空间组织模式为"线性延展型＋分区并联"模式（表6-4）。

乡村水系统空间组织模式选择因素　　　　　　　　表6-4

朱家峪村现状分析	乡村水系统空间组织模式选择的影响因素	
	水系统布局方式选择的影响因素	自然环境：典型山地型乡村，地势总体南高北低，东西高中间低，建筑多集中在中部平坦地区；雨水从东、西、南三个方向汇入村内的下崖沟，流向村北首，村中散布着许多公共井泉，这是居民用水的主要来源。
		村落形态：乡村形态为南北长、东西窄的狭长聚落，沿等高线变化形成内凹趋势，主干道沿下崖沟布置，村落空间整体呈线性延展型布局。
		用地条件：用地资源稀缺，土地总面积中山地和丘陵约占一半，农地多集中在村外北侧平原，村内可用平地较少。
		建筑类型：以居住建筑居多，随着旅游业的发展，逐渐扩增商业建筑、文化建筑、展览建筑、民宿建筑等多种形式，但总体规模较小，多沿主干道分散布置
	涉水基础设施选择的影响因素	技术需求：结合乡村高程设计，水基础设施尽量利用重力自流，以减少投入，同时提高设施运行的节约度。
		空间需求：合理选择"涉水"设施，以满足乡村用地的局限性，同时能够对乡村特色空间品质的提升起到促进作用。
		美观需求：水基础设施与朱家峪村原始水空间的结合，在实现污水治理的同时满足观光旅游对乡村景观的需求。
		经济需求：结合旅游业与种植业，在保证效率的同时为村庄带来一定的经济收益。
		社会需求：水系统要求具有可持续性，考虑村民接受度以及对朱家峪村未来建设发展的指导性作用

6.1.2 "三生一体"的概念生成

本节主要阐述乡村水系统选定空间结构的适应性变化以及其对朱家峪乡村规划的影响。从上文中可知，适合朱家峪村的水系统空间组织模式为"线性延展型＋分区并联"模式，结合朱家峪村的现状条件以及政府主导的"山水＋文化＋特色产业"的乡村发展规划定位，得出了适合朱家峪村发展的空间骨架结构，该空间骨架结构不仅是乡村发展骨架，也是产业分布和水系统空间组织结构的骨架，同时还是形成朱家峪村概念方案的基础（表6-5）。

朱家峪村水系统空间组织结构适变 表6-5

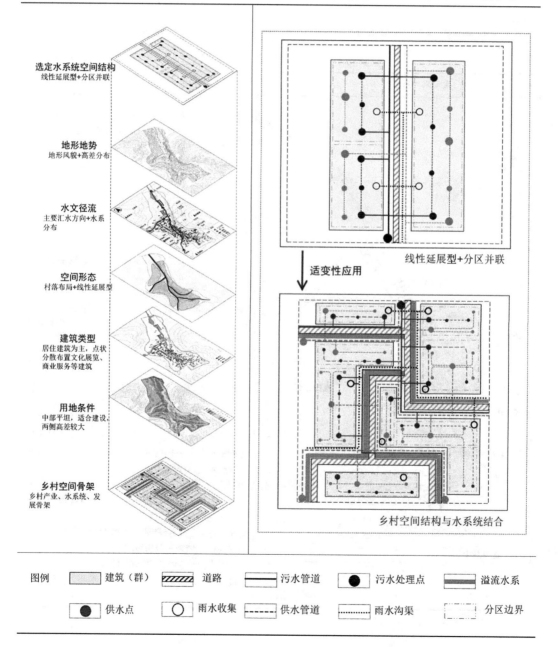

选定水系统空间结构 线性延展型+分区并联			线性延展型+分区并联
地形地势 地形风貌+高差分布			
水文径流 主要汇水方向+水系 分布			适变性应用
空间形态 村落布局+线性延展型			
建筑类型 居住建筑为主，点状 分散布置文化展览、 商业服务等建筑			
用地条件 中部平坦，适合建设， 两侧高差较大			
乡村空间骨架 乡村产业、水系统、发 展骨架			乡村空间结构与水系统结合

图例　▨ 建筑（群）　▨ 道路　— 污水管道　● 污水处理点　▬ 溢流水系

● 供水点　○ 雨水收集　--- 供水管道　⋯ 雨水沟渠　▢ 分区边界

　　与我国多数乡村类似，朱家峪村如今也面临着生产、生活、生态等多方面问题，限制了乡村的发展。生产方面，朱家峪村主要产业为第二产业的种植业和第三产业的文化旅游业，但由于前期社会企业多以商业开发为主，且难以理顺与村民的利益关系，致使乡村旅游产业升级缓慢，多以"乡村一日游"为主，旅游业为乡村带来的经济效益十分有限。种植业多以小麦、玉米等粮食作物为主，经济农作物种植面积较小，无法与乡村旅游产业相互促进，同时，落后的乡村发展使得村内大量青壮年劳动力外出谋生，乡村人口老龄化严重，传统种植业逐渐被荒废。生活方面，村内基础设施建设不完善，村民生活品质较低；旅游业的发展使得村民生活、生产污水排放增加，加之村内未规划排水管网，污水直接排入道路或沟渠之中，导致乡村水环境遭到严重破坏，乡村宜居性较差。生态方面，农业化肥的滥用加之旅游业带来的污染使得乡村原始水生态遭到破坏，村落河道、沟渠及其周边环境遭到破坏，垃圾污染较为严重，使乡村种植业受到影响，植被也出现了不同程度的退化。因此，结合当前朱家峪村的"三生"问题，合理进行乡村景观、环境、产业、水生态等内容的规划对于促进朱家峪村经济发展有着重要作用。

　　乡村水系统在乡村空间落位过程中与乡村的生产、生活、生态有着密切联系，蓄水池（文昌湖）、排水沟渠等部分不仅承担着排水、蓄水等功能，也是乡村生产生活用水的主要源头。砚湖、坛桥七折、井、泉等用水空间与乡村居民日常生活息息相关，而众多"涉水"基础设施又是朱家峪村生态系统的重要组成部分，因此水系统空间的合理植入对于解决朱家峪村现有"三生"问题有着重要影响，从而实质性地影响朱家峪乡村规划设计。乡村水系统空间植入对朱家峪村"三生"方面的影响主要体现在提升空间品质、维护景观风貌、促进经济发展、提高生态韧性、塑造社会文化五个方面。

1．提升空间品质

　　朱家峪村受自然环境、地形地势等多方面因素的影响，村内形成了丰富的水系空间，同时由于夏季降雨集中，极端降雨天气频发，使朱家峪村在对雨洪的长期调控中形成了一套具有传统智慧的雨洪管理措施，至今仍然发挥着作用，砚湖、坛桥七折、长寿泉广场等治水节点不仅承担着古村的排水功能，也是村内最具特色的公共景观空间。随着对朱家峪村旅游业的开发，乡村用水需求和污水排放量逐渐增加，而村内未规划污水排水系统，生活生产污水多排向道路或附近河流，导致古村多处水空间遭到污染。同时，由于常年缺乏管理，部分河道淤积严重，导致蓄水能力逐步丧失。同时，滨水驳岸环境较差，部分区域驳岸过高，杂草丛生，阻碍了水与村民的接触，导致滨水空间利用率低。水系统在空间植入过程中通过对古村排水空间的清淤梳理，恢复并增强其传统的蓄水、净水功能。对滨水空间进行多样化设计，增设亲水活动空间，增强水域的可达性，形成不同的空间体验。生活生产污水则结合人工湿地等生态水处理技术进行处理，不仅有利于提升朱家峪村内环境，而且能够有效改善乡村水环境，从而提升乡村生产生活空间品质。人工湿地、接触氧化池等具有景观性的空间可结合乡村旅游动线与景观视点合理布置，在满足乡村污水处理的同时形成新的乡村景观空间节点，从而增强游客的景观体验感（表6-6）。

水系统植入对乡村空间品质的提升 表6-6

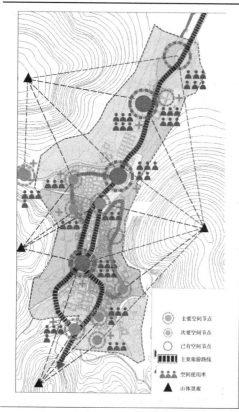

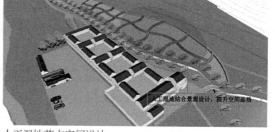

人工湿地节点空间设计

在文昌湖西南侧设计人工湿地，结合文昌湖节点形成乡村入口面状景观节点，在满足乡村污水处理的同时，保护乡村物种多样性，维护乡村景观风貌

砚湖节点空间设计

进行清淤处理，恢复并增强其雨洪调蓄功能，引入睡莲、再力花等景观植物，结合小品建筑与休闲座椅，突出空间特色

坛桥七折空间设计

康熙双桥空间设计

汇泉桥空间节点设计

2. 维护景观风貌

乡村水系统的植入对维护朱家峪村景观风貌有着不可或缺的作用，朱家峪村内部分散布置着众多泉井、沟渠、水塘等空间，它们既是乡村水系统重要组成部分，又具有生态、生产、生活的多重功能，通过对朱家峪村现有河道、沟渠、泉井空间进行生态化改造，引入鸢尾、再力花、香蒲等本土水生植物，不仅能有效减缓村内雨水径流，起到净化水源的作用，而且对于在村内形成娱乐空间以及维护朱家峪村景观风貌有着重要作用。该类空间分散于朱家峪村各处，对于村内生活景观的营造具有很强的标示性，可凸显地域性与本土特色。同时，人工湿地等水处理设施也是乡村景观的重要组成部分，通过乡村水生植物的配置，加以微生物、浮游植物的物理、化学、生物三重协同作用，既可达到对生活污水的净化再利用，又可以形成朱家峪村新的景观节点，并结合砚湖、泉井等景观空间形成朱家峪村景观体系。

3. 增强生态韧性

生态治理是朱家峪村实现水资源循环利用的有效途径，通过对乡村原有蓄排水空间的改造，结合"接触氧化池 + 人工湿地"的现代处理工艺，能较为理想地改善乡村整体水生态环境，同时通过对引入植被的人工筛选和干预，进一步优化朱家峪村自然生态系统的种类和数量，逐渐完善原生水生态循环系统，从而在朱家峪村域内实现更大的环境容量和更强的自净化能力，提高乡村整体生态韧性。如人工湿地的植被选择芦苇、慈姑、灯心草、再力花等本土植物，结合碎石铺底与水生物形成完整的生物链，不仅能够有效去除污水中的氮、磷等物质，而且能增强人工湿地生态环境的稳定性，促进内部物种多样性的形成，在一定程度上丰富了朱家峪村植物景观的多样性，提高乡村整体生态韧性。

4. 塑造社会文化

朱家峪古村作为章丘中部地区重要旅游节点，在政府的引导建设下已形成一定的旅游模式，但近些年整体发展停滞不前，甚至出现了令人痛心的破乱现象，商业开发为主的现代建筑、为影视剧拍摄而搭建的舞台背景、村民自发形成的餐饮商店都在不同程度上破坏了古村的历史风貌与文化特色，村民对于古村的自豪感逐渐消散。乡村水系统通过对乡村传统排水方向的延续，保留并传承了朱家峪村传统用水、治水空间特色，同时引入了教育、展示、娱乐等多种功能，以增加村民的体验参与感，使得传统特色空间焕发新的活力，营造具有特色的乡村公共节点空间，展示传统智慧的同时，唤醒村民对古村的保护意识，推动村民的自主参与，从而提升朱家峪村的主体地位。同时，通过景观空间设计使村民能够近水、触水和嬉水，还水于民，进一步增强乡村空间的宜居性（表 6-7）。

5. 促进经济发展

水系统空间组织对朱家峪村经济的促进主要体现在水生植物经济价值与吸引游客促进发展两方面。在对本土植物进行人工干预与筛选的过程中，除了满足净化与美观的条件外，经济价值也是其主要考虑因素，如香蒲、慈姑、灯心草、再力花等植物具有净化、美观和商业等多重价值，可以优先考虑结合乡村水系统空间布置，提高朱家峪村居民收入。同时，通过水系统植入实现对朱家峪村整体空间景观风貌的提升与维护，从而吸引更多外地游客，推动乡村旅游产业多元化发展，打破单一的农家乐式一日游旅游结构，补充消费者在朱家峪村吃、住、游、学等多方位的乡村体验需求，促进村民与游客的良性互动，形成商业价值，相互支撑，从而实现乡村"三生一体"全面化发展。

朱家峪村旅游产业属于资源依托型，依托于村落民俗文化传统，因此，规划中延续并展现了朱家峪村"礼门—文昌阁—坛井—魁星楼"的文运主轴，并通过该主轴串联乡村的主要空间节点。以乡村现有水系空间和人工湿地为载体，结合村内传统种植业，扩展旅游模式，在传统民俗文化展示的基础上增添乡村生活体验旅游模式，形成了"田园生活体验核心"和"民俗文化保护核心"两个核心区，并结合乡村水系统，对朱家峪村的生产、生活、生态方面的效能进行合理的多片区规划，形成了"一轴、两心、多片区"的朱家峪村初步概念方案（表 6-8）。

水系统植入对朱家峪村传统文化节点的塑造

表6-7

	典型现状空间	改造后空间	改造策略
砚湖			· **延续传统**：清除池底淤泥，疏通水系，重现其传统蓄水、排水功能。 · **景观营造**：水生植物结合景观树木，营造休闲空间
坛桥七折			· **延续传统**：保留传统空间的交通与排水功能，结合休闲座椅、景观小品进行布置。 · **亲水空间**：池底种植景观植物，形成不同的亲水景观角度
汇泉桥			· **展示文化**：结合乡村古戏台设计，形成古戏台广场空间，增加空间活力。 · **驳岸优化**：滨水空间设置亲水平台，增强水域的可达性

康熙双桥空间设计

下崖沟空间节点设计

汇泉桥空间节点设计

朱家峪村概念规划示意   表6-8

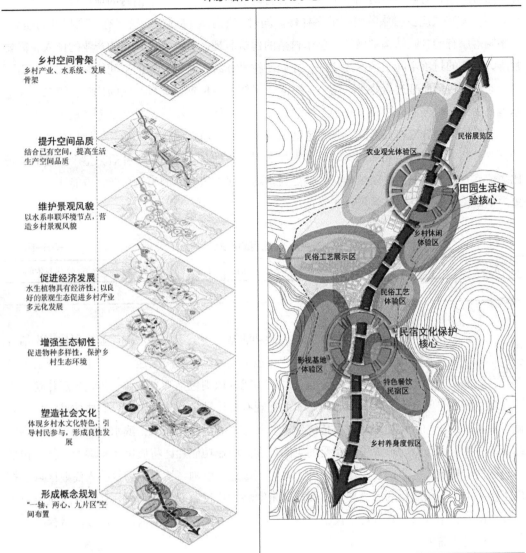

乡村空间骨架
乡村产业、水系统、发展
骨架

提升空间品质
结合已有空间，提高生活
生产空间品质

维护景观风貌
以水系串联环境节点，营
造乡村景观风貌

促进经济发展
水生植物具有经济性，以良
好的景观生态促进乡村产业
多元化发展

增强生态韧性
促进物种多样性，保护乡
村生态环境

塑造社会文化
体现乡村水文化特色，引
导村民参与，形成良性发
展

形成概念规划
"一轴、两心、九片区"空
间布置

民俗展览区
农业观光体验区
田园生活体验核心
乡村休闲体验区
民俗工艺展示区
民俗工艺体验区
民宿文化保护核心
影视基地体验区
特色餐饮民宿区
乡村养身度假区

一轴："礼门—文昌阁—坛井—魁星楼"文运主轴
两心："田园生活体验核心"+"民俗文化保护核心"
多片区：民俗展览区、农业观光体验区、乡村休闲体验区、民俗工艺展示区、民俗工艺体验区、影视基地体验区、特色餐饮民宿区、乡村养生度假区

6.1.3 "多元发展"的方案深化

结合朱家峪村概念方案，对乡村功能、产业、节点、水循环等方面进行深化设计，以满足乡村多元化发展的需求。

1．功能植入

当前朱家峪村旅游产业总体规模较小，整体开发较为缓慢，旅游产品构成还是单一的观

光型旅游产品，游客停留时间多为半日，且村内能够带动乡村旅游消费的项目较少，客源比较有限，无法适应乡村旅游消费的多样性。同时，朱家峪村现状建筑多有不同程度的损坏，许多院落原有的合院结构被破坏，整个村落的建筑肌理已十分零散。新的产业的植入，需要紧凑、完整的村落空间结构作为支撑，才能使村民和游客获得良好的空间体验。因此，需要对朱家峪村村落肌理进行修补。第一，拆除质量较差且位置远离核心区的建筑；第二，在宅基地范围内，根据原有的建筑布局，对破损院落进行修复；第三，在空余宅基地上，按照典型朱家峪村传统合院布局形式，根据宅基地的具体形状新建院落；第四，根据村落和组团的特征，对部分院落进行局部调整，使之更加适应整体的布局。经过修补后，整个村落的肌理比之前具有更加清晰的空间结构，并且更为紧凑，便于植入新的建筑功能，也能让人们获得更为丰富、完整的空间体验（表6-9）。

各类功能单元数量统计　　　　　　　　　　表6-9

居住	展示	传统工坊	餐饮	民宿	农家乐	公共活动中心	公共卫生间
223	10	15	14	6	6	1	8

在改造后的乡村空间结构和传统文化旅游功能基础上，引入展示、商业、居住、生活等多种功能，优化乡村功能结构。展示功能片区包括文昌湖、人工湿地、山阴小学、登云梯等部分，形成文化、生态、民俗展示空间；生活功能区域则包括观光农业、传统加工作坊、生活广场、滨水空间等部分，其中，观光农业在现有传统种植业基础上开展农耕体验、果园采摘等活动，传统加工作坊则通过对传统建筑的改造来满足使用需求，滨水空间和生活广场则结合水系统空间布置，形成不同感受的空间尺度。商业功能片区将展销体验融为一体，包括特色餐饮、传统工艺、销售广场等部分，将传统锻造、雕刻、饮食产品等引入商业区域，打破了当前单一、同质化的商品形式，形成了朱家峪村特色商业空间。居住功能片区主要分布在乡村南侧，结合景观布置特色民宿、休闲广场、养生度假区，依据价格形成消费梯度，以满足多种消费需求。

2. 水动产业

在旅游产业的推动下，朱家峪村形成了餐饮、民宿、销售等第三服务产业，但总体规模较小，且多数以农家乐的形式呈现，产业形式单一，缺乏其他产业支撑，且同质化现象严重，缺乏乡村文化特色的融入。同时，朱家峪村村民整体参与度较低，多数村民没有参与到乡村旅游开发中，也未从中受益，其深层原因则是乡村旅游开发过程中与村民脱节，忽略了村民的利益需求，从而无法推动产业快速发展。游客对于朱家峪村传统民俗文化的探索与期待是他们前往朱家峪村的主要动力，而结构简单、形式单一的"农家乐"式旅游产品以及与当地村民的低互动感则很难满足游客的体验需求。

因此，在朱家峪村产业规划中，应根据市场需求合理升级产业，在不影响乡村现有文化遗产的前提下，结合朱家峪村自身的文化产业与水系景观特色优势，在现有的农家乐旅游模式的基础上，结合水系统对乡村空间进行改造，引入共享农业、休闲、民宿、教育、展览等多元化闭合业态。如以人工湿地地为载体，结合朱家峪村传统种植业形成农业体验旅游产业；以乡村水系统景观空间节点为基础，打造休闲空间，形成观星、夜跑、篝火、表演等线性项目，从而激发乡村空间的活力；依托于文化旅游动线，将部分民居改造成特色民宿，增加消费模式；整合朱家峪村传统文化与理水智慧，形成各具特色的展示空间，同时引入教育功能，在展示乡村文化的同时，体现乡村历史、自然、人文等内容。通过产业的升级，满足消费者在朱家峪村吃、住、游、学等多方位的乡村体验需求。在满足游客多方位需求的同时，促进村民与游客的良性互动，形成商业价值，相互支撑，打造"众创、共建、共享、共赢"的产业生态圈，全面推动朱家峪村的文化经济发展（图6-23）。

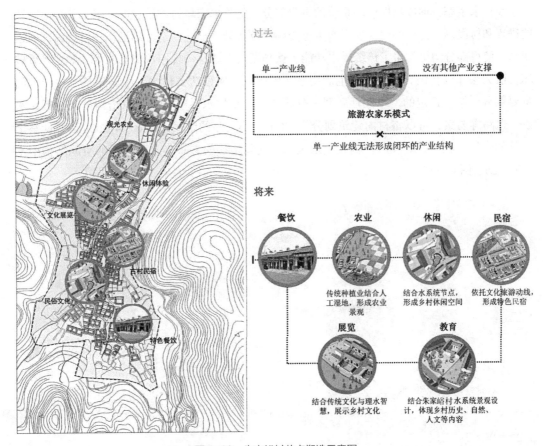

图6-23　朱家峪村节点塑造示意图

3．水塑节点

朱家峪村节点空间可以分为广场类节点空间和街巷内部点状节点空间两部分。广场类节点空间多依据古树、古桥、坛井、砚湖等空间存在，是村民生产、生活的主要空间，也是最能凸显朱家峪文化的特色空间，同时，该类广场空间多与水相关，如坛桥七折、砚湖、康熙双桥、长寿泉广场等空间不仅是乡村的主要公共景观节点，也是重要的理水、治水空间。对于广场类空间节点的塑造，可以依据景观需求，通过合理的空间梳理，结合植物的引入，在保留原有空间功能的同时，进行景观化改造，突出传统空间特色。考虑到乡村旅游业的发展，广场类节点空间的塑造中需明确边界的确立、停留属性、适宜尺度等因素，把当地特色艺术文化元素融入广场小品中，例如雕塑、构筑物等，还应考虑摊位、表演等多种元素的组合，以提升空间活力。朱家峪村街巷内部空间可结合排水明沟、浅草沟等空间进行景观设计，从而获得较好的线性景观效果，同时可以做一些凹凸变化来产生抑扬顿挫、收放自如的效果，例如布置景观小品，延伸商业空间，或者利用构筑物进行空间分隔等，使游客获得更好的空间体验。

4. 重塑水环

湖荡湿地、沟渠水系以及村内分散的泉井、水塘组成了朱家峪村水生态基底与骨架，是维系乡村水生态，形成良性循环系统的重要部分。随着朱家峪村旅游业的发展，外来污染源的进入和村民污水排放的增加使得水生态受到严重污染，加之河道常年淤积，村落内部河道变窄，使得部分沟渠失去了传统排水功能。饮马湖与砚湖等传统用水节点的水质遭到严重破坏，已无法作为村民日常生产、生活用水。因此，如何重塑乡村水系统循环是乡村规划的重要部分。结合选定的"线性延展型 + 分区并联"乡村水系统空间组织结构以及地形、水系、道路等要素，可以将村内建筑划分为 17 个大小不一的组团（图 6-24），进而设计整个村落的供给、收集、处理和传输 4 个系统，将其以拓扑的方式整合到村落的空间结构中来（图 6-25、图 6-26）。

图 6-24　组团分区

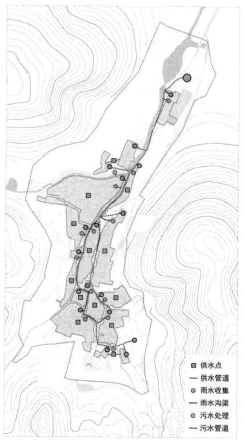

图 6-25　村落水系统拓扑图

供给子系统方面，朱家峪村未铺设供水管网，村民主要依靠附近的井、泉等水源来满足生活用水需求，考虑到古村距离附近城区较远，难以接入市政管网，因此采用村内集中供水与分散供水相结合的形式。在村南部建设高位生活用水蓄水池，结合西侧地势较高的西园水库和东侧的常流泉等用水点，通过供水管网分区布置形成村庄供水系统，依靠重力自流实现生活用水输送，以满足村民生活用水需求。

收集子系统方面，在村落雨水汇集的低洼处设置蓄水设施，进行雨水的调蓄。相关研究显示，朱家峪村主要雨洪淹没区位于坛桥七折、康熙双桥、砚湖、西园水库、汇泉桥和文昌湖等处。在初始村落建设者的智慧下，这些区域已经有了完善的雨洪调蓄系统，因此无需再在村落和组团尺度下设置雨水收集设施（图6-27）。在院落内部设置小型雨水收集设施，主要收集建筑屋顶和院内地面的雨水，经简单净化处理后，作为生活用水的补充。

处理子系统方面，根据"线性延展型＋分区并联"水系统空间结构模式可知，朱家峪村的污水处理应先在组团内部进行初级处理，之后再集中进行二级处理。根据朱家峪村的实际情况和设施的适应情况，组团内的初级处理设施选用三格化粪池，二级处理设施选用人工湿地。

先根据道路、水系和高差将整个村落分为若干大小不一的组团，根据具体情况，1~2个组团修建一个化粪池。生活污水先排入化粪池进行初步处理，处理后的污水再经过地下污水管道进入人工湿地。

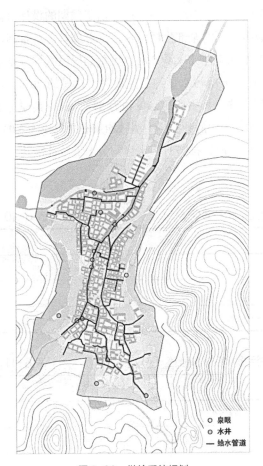

图6-26　供给系统规划

图6-27　雨水系统规划

　　首先，根据道路、水系和高差将整个村落分为若干大小不一的组团，根据具体情况，1~2个组团修建一个化粪池。生活污水先排入化粪池进行初步处理，处理后的污水再经过地下污水管道进入人工湿地进行深度处理，处理后的水经过沟渠排入下游的农田。化粪池和农田的出水中仍然含有部分污染物，但是浓度已经大大降低，可以用来为农作物提供所需的养分，收获的农作物又被居民所消费，减少了资源的浪费，形成了一条资源循环利用的链条（图6-28）。

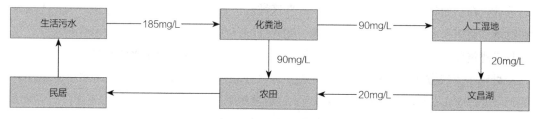

图6-28　资源流动过程示意图

1）组团污水量计算

　　根据《农村生活污水处理技术规范》DB37/T 3090—2017，可以查出山东省农村居民日用水量参考值和农村居民生活排水系数参考值（表6-10、表6-11）。由于预期的设计目标中户内都有完备的给水排水卫生设备和淋浴设备，同时全部生活污水最终都进入污水管网，因此将居民日用水量100~145L的中位数122.5L乘以排水系数0.85，可得到居民人均日排水量为104.125L，为了计算方便，取近似值104L。厕所污水量约占生活污水总量的26%，其他污水量约占生活污水总量的74%，可得村民人均日排厕所污水量约为27L，日排其他污水量约为77L（表6-12）。根据《中国统计年鉴2018》中的数据，中国平均家庭户规模为3.03人/户，为了计算方便，本书对其取整数3。可得一户日排厕所污水量约为81L，日排其他污水量约为231L。

农村居民日用水量参考值（L）　　　　表6-10

村庄类型	用水量
户内有给水排水卫生设备和淋浴设备	100~145
户内有给水排水卫生设备，无淋浴设备	40~80
户内有给水龙头，无卫生设备	30~50

农村居民生活排水系数参考值　　　　表6-11

排水收集特点	排水系数
全部生活污水混合收集进入污水管网	0.85
只收集全部灰水进入污水管网	0.7

农村居民生活污水中污染物来源及其排放比例　表6-12

来源	厕所	厨房	洗衣	洗浴	其他	总计
污水量（%）	26	16	14	32	12	100
污水量[L/（人·日）]	27	17	15	33	12	104

　　根据《饮食业环境保护技术规范》HJ 554—2010 中 7.1.2 条规定："当就餐人数不确定时，排水量可按照餐厅建筑面积进行计算，每平方米餐厅建筑面积每天排水量可按 0.040～0.120m³ 计算。"同时，根据《饮食建筑设计标准》JGJ 64—2017 中相关规定（表6-13），可以利用餐馆的总面积计算出其排水量。其中，每平方米餐厅建筑面积每天排水量取中位数 0.08m³；由于规范中没有对餐馆的建筑规模进行界定，因此，厨房区域和食品库房面积之和与用餐区域面积之比取中间数值 1 ：2.5。则可得每平方米餐馆的排水量为（2.5×0.08）/（1+2.5）≈0.057（m³）。

厨房区域和食品库房面积之和与用餐区域面积之比　表6-13

分类	建筑规模	厨房区域和食品库房面积之和与用餐区域面积之比
餐馆	小型	≥ 1 ：2.0
	中型	≥ 1 ：2.2
	大型	≥ 1 ：2.5
	特大型	≥ 1 ：3.0

表格来源：《饮食建筑设计标准》JGJ 64—2017

　　根据设计经验，宾馆一个标准间的面积为 30m² 左右，客房面积占宾馆总面积比例约为80%。每个标准间住 2 人，每日在宾馆停留时间按 12h 计算，可得一个标准间每天厕所污水量为 27L。由于洗浴情况基本不受在宾馆停留时间影响，因此，洗浴污水按一整天计算，约为 66L。在除去工作人员排水量的情况下，宾馆每平方米每日厕所污水量约为（0.8×27）/30=0.72（L），每平方米每日洗浴污水量约为（0.8×66）/30=1.76（L），两者相加可得宾馆每平方米每日污水量约为 2.48L。由于村内宾馆多为以家庭为单位进行经营的民宿，因此，每间民宿的工作人员日均排水量按一户人家来计算。

　　传统工坊和民宿类似，多以家庭为单位来经营，因此，一间工坊的人员日均排水量同样按一户人家来计算，一天工作时间以 10h 计算，则可得产生厕所污水为 27×3×10/24=33.75（L）。

　　朱家峪村未来预期的主要游览模式为一日游，由于离济南市中心较远，游客上午到达时间约为 10:00 左右，下午约 16:00 离开，在村内游玩时间约为 6 小时，根据预测的 2022 年朱家峪村日最高游客量 7725 人，计算出游客最高日排厕所污水量为 27×7725×6/24≈52144（L）。村内有 7 处单独公共卫生间，入口处游客服务中心和村内公共活动中心也各设 1 处公共卫生间，加起来共有 9 处公共卫生间。平均计算下来，每处公共卫生间最高日排厕所污水量约为 52144/9=5793（L）（表6-14）。

各类建筑最高日排污水量   表6-14

建筑类型	居住	餐饮／农家乐	民宿	传统工坊	公共卫生间
污水量	312L／户	57L/m²	2.48L/m²	33.75L/间	5793L/间

以组团6为例，组团内有10户居民、6处餐饮（756m²）、2处传统工坊和1处公共卫生间，则可以计算出组团6的最高日排污水量为 312×10+57×756+33.75×2+5793≈9737（L）。同理，可以计算出其他组团的最高日排厕所污水量和最高日排其他污水量（表6-15）。

各组团最高日排污水量（L）   表6-15

组团	1	2	3	4	5	6	7	8	9
污水量	5793	1872	6171	20320	13227	9737	2031	12657	1973
组团	10	11	12	13	14	15	16	17	总计
污水量	5571	21081	3778	564	4653	936	624	5793	116780

表格来源：作者自绘。

2）化粪池的设置

化粪池的规模根据表4-7中的公式来进行计算。为了计算方便，将 n（化粪池的设计总人数）统一设置为1，用各组团最高日排污水量来代替 q_1（每人每天生活污水量），t_1（污水在化粪池停留时间）取24h，t_2（化粪池的污泥清掏周期）取90d。这样，便可以计算出各组团需要的化粪池有效容积（表6-16）。

各组团化粪池有效容积（m³）   表6-16

组团	1	2	3	4	5	6	7	8	9
有效容积	5.81	1.89	6.19	20.34	13.25	9.76	2.05	12.68	1.99
组团	10	11	12	13	14	15	16	17	—
有效容积	5.59	21.10	3.80	0.59	4.67	0.95	0.65	5.81	—

表格来源：作者自绘。

根据相关规范，化粪池应设在室外，其外壁距建筑物外墙不宜小于5m，同时，化粪池与饮用水井等取水构筑物的距离不得小于30m。化粪池的选址还应满足污水自流的要求，因此，在组团内选择标高较低处进行化粪池的设置。优先选择组团内的空地，若组团内没有合适的场地，则在邻近组团寻找合适的位置，若组团内和邻近组团都没有合适的场地，则只能选择拆除部分院落进行设置，优先选择的是新建和修复部分的院落。

经过分析，组团5和组团7内部及邻近组团都没有合适的空地可以进行该组团化粪池的设置，因此，便选择一处破败的院落的宅基地来设置；组团6和组团12内部虽然没有合适的空地，但都可在组团附近找到空地进行设置；组团10和组团11内部也没有合适的空地，可在附近寻找到一处空地设置一个化粪池，共同服务于这2个组团。

经过计算，组团2、组团9、组团13、组团15和组团16需要的有效容积分别为1.89m³、

1.99m³、0.59m³、0.95m³、0.65m³，但是化粪池容积最小不宜小于2.0m³，因此，将这五处化粪池的实际建设有效容积确定为2.0m³。化粪池的有效深度不宜小于1.3m，因此，本文统一按照1.3m的有效深度来计算，结合有效容积，就可以计算出化粪池的占地面积（表6-17）。

各组团化粪池占地面积（m²）　　　　表6-17

组团	1	2	3	4	5	6	7	8
占地面积	4.47	1.54	4.76	15.65	10.19	7.51	1.58	9.75
组团	9	10+11	12	13	14	15	16	17
占地面积	1.54	20.53	2.92	1.54	3.59	1.54	1.54	4.47

3）人工湿地的设置

由于济南冬季较为寒冷，表流型人工湿地在低温下运行效率低，且夏季易孳生蚊虫，占地面积也较大，因此，朱家峪村选择潜流型人工湿地。

根据《农村生活污水处理技术规范》中的规定，山东省农村居民生活污水中BOD_5的建议取值范围为70~300mg/L，取中位数，得到朱家峪村生活污水中BOD_5的取值为185mg/L。化粪池对BOD_5的去除率约为51.1%，则化粪池出水中的浓度为185×（1–51.1%）≈90mg/L。由于朱家峪村的排水最终会向北汇入小清河的支流，按照《山东省小清河流域水污染物综合排放标准》DB 37/656—2006，最终经过净化后的污水中BOD_5的含量需要达到20mg/L的标准。

人工湿地相关参数的选用和计算主要有两种方式，本文参考的是图书《农村排水工程》中的计算方式。

第1步：根据式（6-1）分别计算湿地系统在冬季和夏季对污染物的反应速率常数。设计湿地夏季水温为15℃，冬季为6℃；选取粗质砂砾作为填料，粗质砂砾的K_{20}为1.35。计算得到冬季K_T=0.36，夏季K_T=0.84。

$$K_T=K_{20}（1.1）^{（T-20）} \tag{6-1}$$

式中：K_T——受水温影响的反应速率常数，1/d；

　　　K_{20}——水温20℃时的反应速率常数，1/d；

　　　T——水温。

第2步：根据式（6-2）计算床体截面积，即与水流方向垂直的有效过流面积。污水流量为116.78m³/d，粗质砂砾的水力传导率为480m³/（m²·d），湿地床坡度取1%。计算得到湿地床截面积为24.32m²。

$$A_c=Q/（k_sS） \tag{6-2}$$

式中：A_c——湿地床截面积（m²）；

　　　Q——污水流量（m³/d）；

　　　k_s——基质的水力传导率[m³/（m²·d）]；

　　　S——湿地床坡度。

第3步：根据式（6-3）计算床体表面积。进水的BOD_5浓度为90mg/L，出水的BOD_5

浓度为20mg/L；选取香蒲作为湿地中的水生植物，香蒲的根系深入基质层约0.3m，因此潜流深度取0.3m；粗质砂砾的孔隙率为0.39。计算得到冬季和夏季湿地床体表面积分别约为4170m² 和1787m²，取较大值，即4170m²作为湿地床体表面积。

$$A_s=[Q(\ln C_0 - \ln C_e)]/(K_T dn) \tag{6-3}$$

式中：A_s——湿地的表面积（m²）；

C_0——进水的 BOD_5 浓度（mg/L）；

C_e——出水的 BOD_5 浓度（mg/L）；

d——潜流深度（m）；

n——填料的孔隙率。

由于人工湿地是朱家峪村最后一级污水处理设施，同时根据地形和村落结构，判断其应处于整个村落的北部。经过比选，文昌湖东南侧的空地在位置和面积上都符合人工湿地的设置条件，因此便确定了朱家峪村人工湿地的位置（图6-29）。为了便于管理，将整个人工湿地系统划分为15个湿地块，湿地块之间采取串联和并联相结合的方式，可以根据实际需求灵活控制各个湿地块的运行（图6-30）。

图6-29 处理设施选址

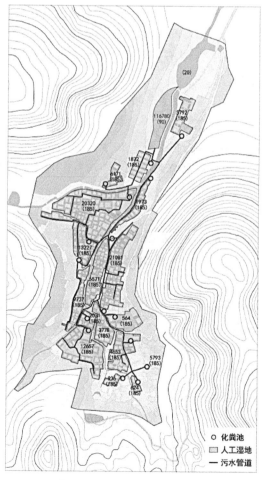

图6-30 处理系统规划

　　传输子系统方面，不同设施之间采用不同的传输形式。供给系统中的村落集中供水利用埋地的供水管道进行传输。供水管道沿道路进行布置，水从水源井经管道到达各个组团，再分别输送到各个院落。供水管道的布置应满足以下要求：第一，穿越道路、农田或沿道路铺设时，管顶覆土厚度宜不小于1.0m；第二，当给水管与污水管交叉时，给水管应布置在上面，且与污水管的水平净距宜大于1.5m；第三，与建筑物基础或围墙基础的水平净距宜大于1.0m。

　　雨水传输方面，将原先的道路行洪系统改为利用河道和道路旁的沟渠进行雨水传输，使得道路在下雨时便于人们行走。根据图6-6中ArcGIS软件的水流量分析结果可以看出主要的雨水径流路径，将雨水径流路径与平面图叠加，发现与现有的河道走向高度吻合，根据雨水径流路径，在主要雨水径流经过之地疏通河道，使河道由南至北贯穿全村（图6-31），同时根据河道所处的位置的特征，采用不同类型的驳岸形式，形成不同的空间和景观效果（图6-32、表6-18）。

　　在没有河道的道路上修复或新建沟渠，若道路较宽且一侧的标高较低，或道路较为狭窄，则选择在道路一侧设置雨水沟渠；若道路较宽且中间位置标高较低，则选择在道路中间设置雨水沟渠。雨水沟渠采用生态沟渠的形式，利于雨水下渗和对其进行净化处理，同时还

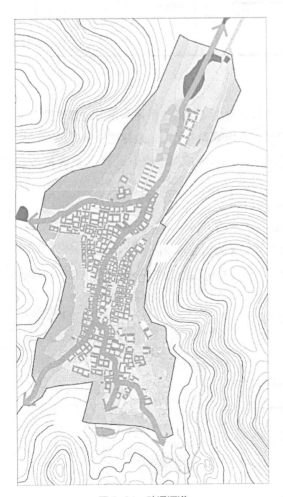

图6-31　疏通河道

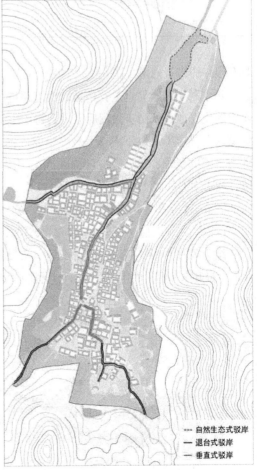

‐‐‐ 自然生态式驳岸
—— 退台式驳岸
—— 垂直式驳岸

图6-32　河道驳岸规划

河道驳岸的形式、特点及适用范围 　　　　　　表6-18

驳岸形式	特点及适用范围
	垂直式驳岸：驳岸由天然石块砌筑而成，具有较好的透水性，应用于道路密集处的河道
	退台式驳岸：驳岸由天然石块砌筑成阶梯状，具有较好的透水性。水位较低时，可以在各级台阶活动；水位较高时，则只能在上层台阶活动。应用于建筑稀疏处的河道
	自然生态式驳岸：驳岸模仿自然河岸，由天然石块和植物组成，具有很好的透水性，根据水位高低可在不同位置活动，应用于文昌湖

具有很好的景观效果（图6-33）。

　　污水利用污水管道进行传输，沿道路进行布置。每个院落的生活污水先通过管道进入组团内的化粪池，经初步处理后汇集到村落主管道，再传输到人工湿地进行进一步处理。污水管道的布置应满足以下要求：第一，应依据地形坡度铺设，坡度不应小于3%，以满足污水重力自流的要求；第二，应埋深在冻土层以下（朱家峪村冻土层深约为0.49m），与建筑外墙、树木中心间隔1.5m以上（图6-34）。

　　图6-34左图为沟渠位于道路一侧、给水管与污水管并行的剖面示意图；右图为一道路交叉口位置，沟渠位于道路中间、给水管与污水管交叉的剖面示意图。

　　结合多种"涉水"基础设施的设计，重塑朱家峪村水系统循环，并进一步优化乡村空间环境品质，提升朱家峪村的生态环境与宜居性，为乡村未来产业与建设发展提供基底（表6-19）。

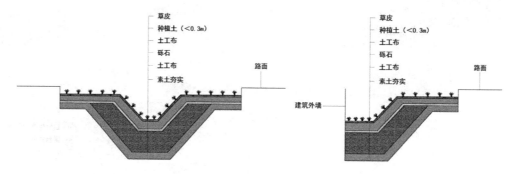

图6-33　生态沟渠

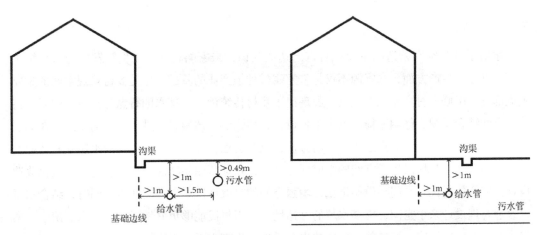

图 6-34 管道综合剖面图

朱家峪村水系统处理节点示意图 表 6-19

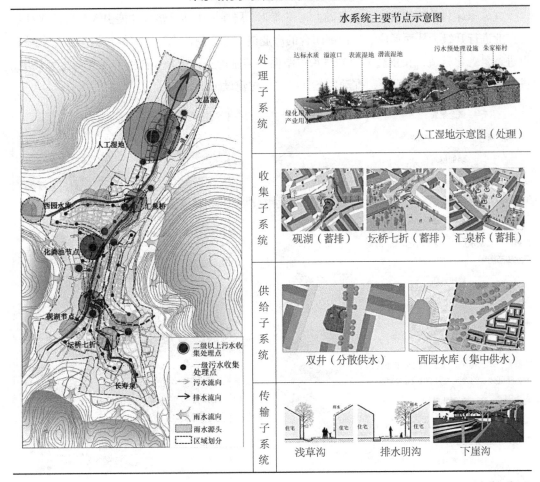

5. 多重水效

　　水对于乡村空间营造的重要性自古已达成共识，朱家峪村的"三生"发展与水系统更是密不可分。生产方面，水资源不仅是朱家峪村种植产业的基础，也是乡村景观空间的重要组成部分，串联乡村主要旅游线路，展现出了乡村传统治水、理水的智慧与特色。同时，将滨水空间结合景观、休闲座椅、滨水平台设计，增强游客体验感，进一步带动旅游产业的发展，形成朱家峪村产业源泉之水。生活方面，泉井、坛桥等空间作为村民取水用水和休憩交流的主要空间，是村民生活空间的组成部分之一，在保留原始功能的前提下进行景观化改造设计能够留住村民对空间的原始记忆，增强空间的凝聚性以激发空间活力。同时，结合水系统改造合理设计亲水空间，提高水域的可达性，使得村民能够更好地近水、触水、嬉水，增加水空间的体验模式，形成伴水而居的生活模式。生态方面，将水景观、水生态、水环境三者统一考虑，提出朱家峪村空间优化策略：以水体自净为主线，带动其他生态效能的产生。水体自净则以污水截流、径流管控为前提，以人工湿地为载体，保护朱家峪村物种的多样性，提升乡土美感的传达和感知，增加乡村游憩活动，从而形成良性循环、互为作用的人文生态系统，为朱家峪村可持续发展提供支撑与保证。

　　在朱家峪村传统旅游产业的基础上，将商业、居住、生活等多种功能引入乡村，并对乡村产业进行升级，从而形成乡村内部闭合的产业链；结合内部水系统空间组织对乡村空间节点进行景观化营造，在重塑朱家峪村水资源循环的基础上，提升乡村空间品质与生态环境，进而促进乡村"三生"发展，推动生态宜居的乡村建设（图6-35）。

概念规划

'"一轴、两心、九片区"空间布置

功能植入

结合概念片区，植入商业、展览、居住、生活组团空间

水动产业

打破单一农家乐形式，多产业引入，形成产业生态闭环

重塑水环

合理结合各个"涉水"设施，重塑乡村水生态循环

水塑节点

结合乡村本土植被，以经济性与生态性为主，保证效果的稳定性，突出地方特色

多重水效

结合乡村生活、生产、生态需求，组织水系与乡村空间的结合

方案成型

结合多方面需求，形成乡村规划方案

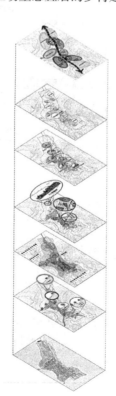

图6-35　朱家峪村规划方案形成示意图

6.1.4 "生态持续"的最终成果

1. 水系统空间与乡村空间多轴整合

朱家峪村规划中以"礼门—文昌阁—坛井—魁星楼"文化轴为主要轴线，将乡村产业发展空间、水系统空间、生态空间、生活空间几条轴线整合在一起，形成适合朱家峪村当前及未来发展的"三生一体"空间格局，推动乡村的建设发展，从而实现乡村生产空间集约高效，生活空间生态宜居，生态空间山清水秀的发展目标（图6-36）。

水系统空间层面，朱家峪村传统排水路径和蓄水节点的分布与乡村规划主轴线具有很高的契合度，因此，水系统空间组织不仅延续了乡村传统排水体系与理水智慧，而且围绕主要旅游动线打造核心景观带，结合北侧人工湿地形成了朱家峪村不同层次的景观空间，从而改善了乡村整体环境品质，促进了乡村生产、生活、生态空间的发展。

产业空间层面，朱家峪村产业空间围绕"礼门—文昌阁—坛井—魁星楼"文运主轴展开，以乡村民俗文化为基础，以砚湖、人工湿地、文昌湖等水系统空间为载体，结合主轴线上的滨水景观空间，同时引入商业、生活、展示、居住等功能，打造"传统风貌＋自然风光＋农业体验"并行的体验式旅游模式，促进乡村第二、第三产业的发展，从而带动乡村的建设。

生活空间层面，水系统在植入过程中串联乡村生活空间，提升村民生活品质，创造宜居生活空间。通过对水井、沟渠、砚湖、文昌湖等空间的改造，不仅满足了乡村生活用水需求，而且改善了主轴线的空间节点环境，形成了不同尺度的空间，以满足村民休闲娱乐的需求。同时，人工湿地的引入增加了乡村游憩活动空间，进一步激发了乡村活力，结合乡村种植业形成了乡村景观风貌，维护了朱家峪村乡土特色，突出了乡村景观优势。

生态空间层面，在水系统空间的基础上，引入"三水合一"的理念，将水生态、水景观、水环境三者通过乡村水系统空间统一起来。

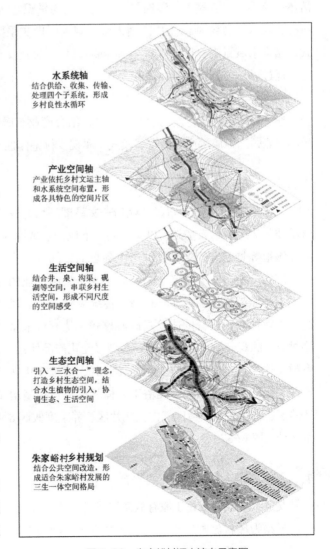

水系统轴
结合供给、收集、传输、处理四个子系统，形成乡村良性水循环

产业空间轴
产业依托乡村文运主轴和水系统空间布置，形成各具特色的空间片区

生活空间轴
结合井、泉、沟渠、砚湖等空间，串联乡村生活空间，形成不同尺度的空间感受

生态空间轴
引入"三水合一"理念，打造乡村生态空间，结合水生植物的引入，协调生态、生活空间

朱家峪村乡村规划
结合公共空间改造，形成适合朱家峪村发展的三生一体空间格局

图6-36　朱家峪村汇水流向示意图

水系统设计中引入具有经济价值的水生植物，在打造朱家峪村水景观空间，解决水环境污染问题、增强水生态韧性的同时，也有利于实现生态空间与生活生产空间的协调发展，从而形成以朱家峪村水体自净为主线，人工湿地为技术载体，水生植物为作用形式的整体人文生态系统。

通过对朱家峪村水系统空间的植入，将乡村产业空间、生活空间、生态空间三条轴线整合起来，协调各个空间的发展需求，推动朱家峪村的产业发展、宜居空间建设以及生态空间保护，最终实现"三生一体"协调统一发展。

2. 核心区空间与水系统空间的整合

朱家峪村核心区规划则依托于乡村传统种植业与文化旅游产业，在传统观光旅游的基础上，策划乡村生活体验项目，丰富朱家峪村旅游模式，从而进一步带动产业发展。朱家峪村规划核心区主要为"田园生活体验核心"和"民俗文化保护核心"两部分，其中"田园生活体验核心"以北侧人工湿地与文昌湖为主要景观空间中心，将苹果种植区、核桃种植区、石榴种植区等传统种植业片区纳入旅游规划，形成采摘、观光、农耕、休闲等多种体验模式，结合水域景观，形成乡村生活体验片区。"民俗文化保护核心"则以南侧传统建筑为中心，通过对村落传统建筑的适度改造，实现空间格局的恢复、延续，并以水系统空间景观带来串联各个空间节点，从而实现对古村人文尺度、视觉通廊、历史环境与村民生活状态的保护。通过对传统村落空间与建筑的保护，结合商业、居住等功能的引入，形成以遗产保护为核心，兼顾当地旅游产业的发展模式，实现乡村整体性与多元化的结合。

3. 产业分布与水系统空间的整合

朱家峪村产业分布则以"礼门—文昌阁—坛井—魁星楼"文运主轴为基础，以文昌湖、下崖沟、砚湖、人工湿地等景观空间为支撑，结合各自的空间特色形成不同的产业布局，在完善朱家峪村观光旅游产业的基础上，形成多产业分布，打造"传统风貌 + 自然风光 + 农业体验"并行的体验式旅游模式，从而将朱家峪村单一的观光型产品转变为复合型多元化产品体系。乡村总体产业分区包括农业观光体验区、传统文化展览区、民俗工艺展示区、民俗工艺体验区、影视基地体验区、特色餐饮民宿区、古文化片区、养生度假区 8 个区域（图 6-37）。

4. 道路空间与水系统空间的整合

交通组织上，依托于原有旅游路线进行拓展设计：一级道路为环村旅游道路，由东环村路与振新路组合改造而成，作为朱家峪村车行旅游路线的主要道路，

图 6-37　朱家峪村旅游产业分区示意

便于直达度假养生区部分，道路改造中，将靠近山体一侧原有硬质路肩改造为生态明沟，并结合再力花、鸢尾等水生植物和碎石进行生态化改造，从而实现对山体雨水的蓄留和下渗，用以涵养地下水源，同时缓解暴雨时径流过大可能导致的洪涝问题。二级道路为步行主要旅游道路，以"水"为引，串联朱家峪村整个旅游动线，沿"礼门—文昌阁—坛井—魁星楼"文运主轴线布置，结合乡村水系串联村内主要特色节点。步行道路规划中，注重对现有沟渠、河道、滨水空间的改造设计，采用垂直式、退台式、自然生态式等多种改造模式，同时增设亲水平台和休闲座椅，以增强水域空间的可达性，以"水"为线索塑造不同感受的空间尺度，从而改善乡村滨水驳岸杂乱、空间单一等问题。三级道路为步行次要旅游道路，在主轴线的基础上扩展村内旅游区域，创造更多的游览体验空间。道路设计结合浅草沟和生态明沟设计，道路坡度较小时，可采用单侧浅草沟，坡度较大时，则设置生态明沟，同时结合路面采用曲线布置，在降低雨水径流速度的同时，有利于雨水下渗。污水则通过暗管或暗沟排放、收集，同时注重防渗处理，保证分流处理（表6-20）。

朱家峪村道路空间与水系统结合　　　　　　　　　　表6-20

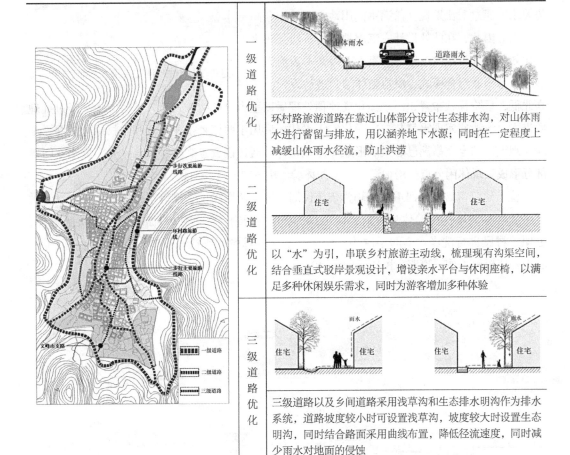

5. 节点空间与水系统空间的整合

朱家峪村景观节点与公共空间多相互结合，围绕主要旅游动线分散布置。其中水系景观带是乡村主要景观轴线，结合主要旅游步道将村内各个重要景观空间节点串联起来，形成朱家峪村景观空间系统，这里对人工湿地、砚湖、坛桥七折三处景观空间进行详细介绍（图6-38）。

1）水系绿化景观带空间设计

水系绿化景观带是村落最主要的一条景观轴线，其与村落主路并行一致，将村内各处重要的景点和开放空间串联起来。以人工湿地和建筑密集区河道处的空间设计为例，分析水系绿化景观带的空间设计。

人工湿地占地面积较大，且属于污水的二次净化处理部分，因此，位置选择上考虑占地面积与低地势要求。通过对比发现文昌湖南侧用地符合面积和高差需求，因此，在此处设计人工湿地，为了增强污水净化效果，人工湿地选择"潜流人工湿地＋表流人工湿地"的串联组合模式。

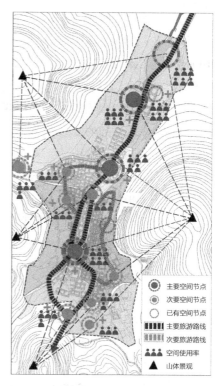

图6-38 朱家峪村公共景观节点分布示意图

湿地整体结合地势设计，南高北低，呈阶梯状布置，污水经化粪池预处理后以重力自流的方式流入潜流湿地，经过处理后进入表流池底实现曝气与二次净化，污水达标后用于西侧种植业灌溉和乡村绿化浇灌。湿地景观上，结合文昌湖已有景观形成一体化设计，通过设置景观桥、休息平台、滨水空间等部分形成景观休闲节点，增加游客的游憩体验（图6-39、图6-41）。

位于建筑密集区的河道两侧均为传统民居，河道两岸种植垂柳等水景植物，树下设置供村民和游客共同使用的休息座椅，河道局部设置亲水平台，可以供游客近距离接触水面，也便于村民进行洗涤。空间层次为：民居—道路—垂柳—座椅—驳岸—亲水平台—河道—驳岸—座椅—垂柳—道路—民居（图6-40）。

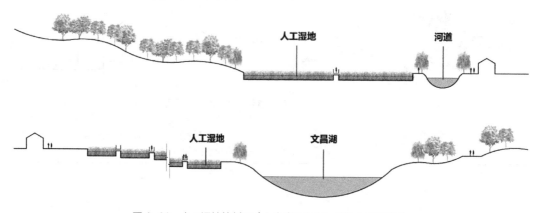

图6-39 人工湿地处剖面（上为由西至东，下为由南至北）

图6-40 河道处剖面

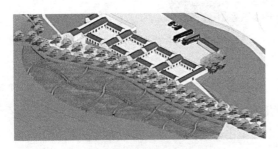

图6-41 人工湿地空间设计

图6-42 汇泉景观节点空间设计

2）景观节点空间设计

村内共有五处景观节点，现对其中的汇泉景观节点、中心景观节点和坛桥七折进行详细的空间设计。

汇泉景观节点处有河道、桥梁、公共活动中心及其入口广场、组团化粪池等重要空间。河道两岸遍植树木，广场与河道交接处呈阶梯状，人们可进行亲水活动。广场北侧桥梁采用木质景观桥的形式，兼顾功能需求和景观效果，其余桥梁采用砖石砌筑。公共活动中心面向河道的立面增大开窗比例，以便获得更好的观景效果。入口广场上种植遮阴树木，树下设置座椅，形成公共交往空间。化粪池上种植浅根植被，四周用树木遮挡，将生硬的设施空间转变为景观空间（图6-42）。

中心景观节点处主要有河道、砚湖和康熙双桥等重要空间。砚湖作为朱家峪村的重要汇水空间，也是旅游动线的枢纽空间，景观设计中，应当注重景观视点的开阔与空间尺度的把握。植被选择上，以低矮灌木为主，避免高大树种对周边山体景观的遮挡，同时营造开阔的空间层次。池中可种植睡莲、再力花等水生植物，池壁由石块垒砌而成，可结合休闲座椅设计，为游客提供良好的休息交流空间，同时也起到一定的围护作用，水池周边可设计石磨、石槽等生产设施，营造生活氛围。现状中为解决康熙双桥立体交通问题而设置的楼梯过于陡峭，上下不便且非常危险，将其改为坡度更小的楼梯，并设置扶手，便于人们的行走（图6-43）。

坛桥七折处主要有河道、坛井和桥梁等重要空间。河道两岸种植树木，起到分割空间和遮阴的作用；坛井处保留现有井台，将井台边缘抬高，供人们休憩交流，恢复过去水井边的交往空间。桥梁边缘也进行抬高处理，便于人们小坐，与井台空间相互呼应（图6-44）。

图 6-43 砚湖水节点示意图

图 6-44 坛桥七折水节点示意图

3）化粪池周边空间设计

为了便于接入村落的污水管网，化粪池的几处选址都紧邻道路，考虑到美观的要求，在化粪池上种植蔬菜或浅根景观植物，只在出水口处留出必要的空隙，满足清掏和检修的需求即可。还可就近利用化粪池的出水和废渣作为果蔬的肥料，周边用树木进行遮挡，更加弱化化粪池本身的形态。以组团 7 处的化粪池为例，进行周边空间的设计（图 6-45、图 6-46）。

4）水井周边空间设计

以整修后的双井为例，可以看出井台与旁边的古树一起在道路靠近河道一侧形成了一个节点空间，井台四周设置适合人体坐下的护栏。水井上设置取用水用的手动泵，一方面方便附近村民取水使用，另一方面可供游客体验传统的手动取水方式，溢流的井水进入地面上的沟渠，形成一个小型的水景观（图 6-47、图 6-48）。

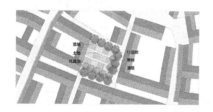

图 6-45 化粪池处平面

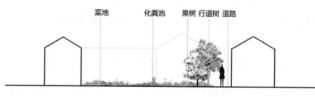

图 6-46 化粪池处剖面

图 6-47 双井处平面

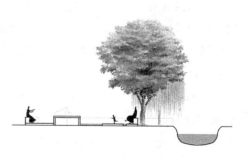

图 6-48 双井处剖面

6. 院落空间与水系统空间的整合

朱家峪村院落空间改造应当以传统空间形态为基础，以保护其真实性与完整性，并结合现代元素植入以满足居民的现代生活需求。同时，院落空间改造中应当考虑雨水收集与污水排放等内容，从而与村落水系统空间实现有机结合，这里选取典型四合院空间进行详细介绍（表6-21）。

典型四合院空间设计　　　　　　　　　　表6-21

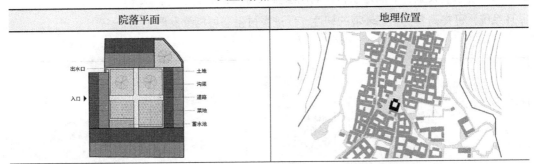

院落平面	地理位置

说明：①在西南角设置蓄水池，存储南屋和西屋的屋顶雨水；②在蓄水池北侧和东侧布置菜园，便于进行浇灌；③在屋檐下方和蓄水池边设置沟渠，将院内多余的雨水引向西北角的排水口，排到院外的沟渠；④其余空地种植树木

表格来源：作者改绘。

院落地面以土壤地面为主，局部砖石铺地，改造中，采用透水砖重新铺设，并进行高程设计，以保证道路雨水的排放。在四合院主屋与侧室交接处设置蓄水池，结合屋檐下的排水沟进行雨水收集，初步沉淀后的雨水可用于冲厕、浇灌、洗刷等，必要时可作为生活用水的补充，同时还有利于调节夏季庭院的温度与湿度以及缓解雨水径流对乡村排水设施的压力。此外，结合蓄水池空间，可增设院落小型菜地，不仅可以增加庭园经济价值，恢复庭院软质垫层，有利于雨水的蓄留与下渗，同时，生活轻度污水可直接排入院落中，实现水资源回用。院落化粪池则结合北侧厕所设计，采用三格栅化粪池，化粪池内溢流污水排入污水管道或回流到小型菜地，以实现资源回用。其余空地可种植树木，丰富院落景观，改善空间环境（表6-22）。

典型三合院空间设计　　　　　　　　　　表6-22

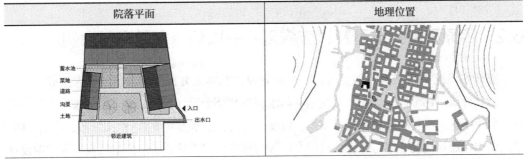

院落平面	地理位置

说明：①在东北角设置蓄水池，存储北屋和东屋的屋顶雨水；②在蓄水池南侧和西侧布置菜园，便于进行浇灌；③在屋檐下方和蓄水池边设置沟渠，将院内多余的雨水引向东南角的排水口，排到院外的沟渠；④边角处空地保持为土地，其余空地种植树木

表格来源：作者改绘。

7. 朱家峪村总体水系循环展示

水系统植入中，通过延续朱家峪村传统排水方向，结合人工湿地、接触氧化池等现代"涉水"基础设施的保留，修复传统乡村水基础设施中最为重要的内容——水循环系统。通过对朱家峪村水网内淤泥的疏通，恢复朱家峪村点、线、面的水系空间，保护乡村立体水网系统。污水处理采用雨污分流设计，雨水通过立体水网系统外排，污水与溢流雨水则通过暗管收集，结合自然处理系统进行净化处理，避免造成对自然水体的二次污染，既保护了朱家峪村的传统水利设施，又满足了村民的用水排水需求，形成了适合朱家峪村的低碳节能的水循环系统，可提高乡村生态环境的韧性，促进乡村生态可持续发展（图6-49）。

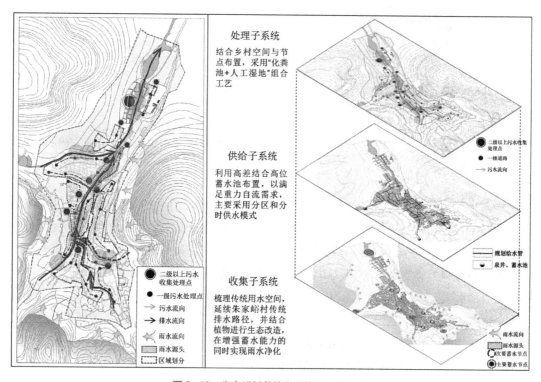

图6-49　朱家峪村总体水系统循环示意图

6.2　平原型乡村选型及适变应用——以烟台木兰沟村为例

整合水系统空间结构的木兰沟村空间规划设计总体上分为前期分析、概念生成、初步规划和设计成果四个部分，而水系统的空间组织贯穿整个设计流程，通过前期收集大量的数据，分析了木兰沟村的地貌特征（高差、坡度、坡向、汇水方向等）、水文分布、产业结构、空间结构、建筑概况、生态环境、风俗文化等与村落空间直接关联的影响因素，为后期设计奠定了基础。

结合木兰沟村现有资源条件与"三生"发展规划需求，可为乡村未来发展提供基础，同时对于木兰沟村水系统空间模式的选择和"涉水"基础设施的选取也有着重要影响。根据木兰沟村现状与未来发展方向，合理规划内部"涉水"基础设施，保证乡村水生态系统形成良性循环，为乡村生产、生活、生态发展提供基础。乡村水系统空间组织还实质性地影响着乡村的空间品质：美化生态环境，丰富生物多样性；改善村落空间结构，增加层次感与空间趣味性；优化产业结构，促进产业升级；促进村民创业就业，带动区域经济发展；展现当地文化特色，传播优秀传统文化等。以此为基础，结合乡村产业与发展需求，形成乡村概念规划。

结合概念规划，对木兰沟村进行初步规划设计。梳理地域特色，规划产业发展方向，细化功能分区，重构水系循环，搭建景观体系。整合木兰沟村水系统中的供给子系统、收集子系统、传输子系统、处理子系统。在水系统整合的基础上确定村庄的规划设计。

基于以上设计分析与设计思路完善设计方案，将新功能植入乡村，完善交通结构，修复村落肌理，更新建筑功能，优化节点空间。最终，形成生态、可持续的村庄规划设计方案（图6-50）。

6.2.1　木兰沟村基础数据库的建立

木兰沟村位于蓬莱市大辛店镇山区的南部，紧靠着渤海湾南部，距大辛店镇中心3.5km，距蓬莱机场的直线距离10.2km，距蓬莱市中心景区约26km，距烟台市中心约52km，较为偏远封闭，方圆13km内无其他村落，是一个独立的村落。村落北边紧邻最高处海拔127m的道教名山——丘山，东边2.3km处便是丘山水库。在蓬莱市综合体全域旅游规划之中，北有百里黄金海岸，南有艾山国家森林公园，而以葡萄酒文化为背景的木兰沟村位于"丘山谷葡萄酒养生休闲体验区"（图6-51）。

1. 自然环境

地形地势方面，通过ArcGIS软件的分析可以看出，木兰沟村的高程在80~120m之间，属于平原地区，村内整体坡度不大，大部分介于0°~10°之间，局部在10°~20°之间，村落整体北高南低，西高东低，呈半包围地势，整体地势较为平坦（图6-52）。

水文特征方面，木兰沟村水资源较为丰富，政府部门对水系统的建设也尤为重视，据蓬莱市大辛店镇人民政府在《2013年度蓬莱市大辛店镇 农业综合开发 土地治理项目》实施阶段的公示中得知：2013年1月至2014年5月对木兰沟村进行中低产田改造。其中，木兰沟村新建涉水基础设施有：扬水站1座、农桥2座、塘坝1座、蓄水池3座、修复平塘1座、新挖渠道约5km、地下管道16km，机耕路硬化8000m²、扩建机耕路7.34km（表6-23）。

2. 村落空间结构与现状交通

村落空间结构方面，木兰沟村背靠丘山，呈组团式布局结构，东西跨度有580m，南北跨度约300m。建筑群落随地形高差布置。村内主干道与村内主要排水体系并行，平行于等高线建设，根据道路、地势高差以及建筑群落，村落可划分为五个组团（图6-53）。

道路交通方面，木兰沟村路网杂乱，村内现有车行道路只有横纵两条主路，同时，道路的可达性较低，不利于村内现有产业的发展；村内次干道逼仄，杂乱无章。大部分人行小

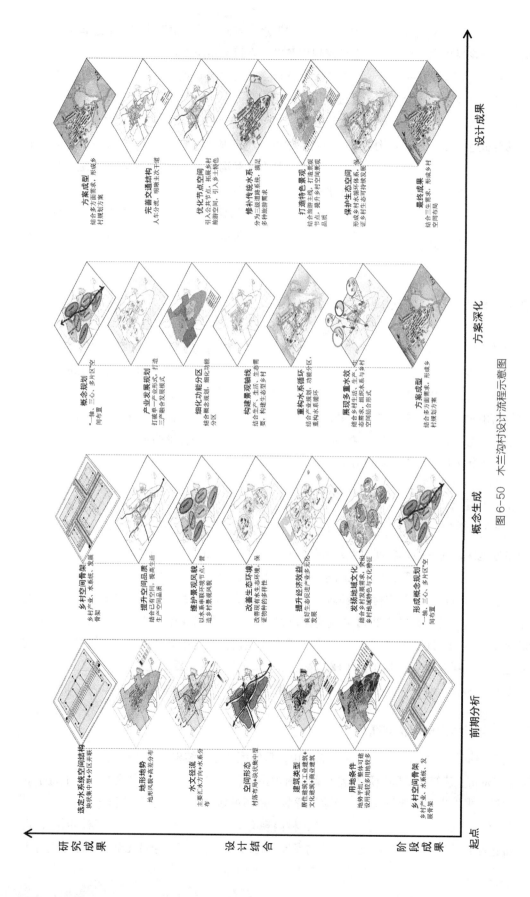

图6-50 木兰沟村设计流程示意图

前期分析　　　　　概念生成　　　　　方案深化　　　　　设计成果

起点

研究成果

设计结合

阶段成果

前期分析

选定水系统空间结构
块状集中型+分区并联+
村域集中型方案

地形地势
地形风貌+高差分布

水文径流
主要汇水方向+水系分布

空间形态
村落布局+块状集中型

建筑类型
居住建筑+工业建筑+文化建筑+商业建筑

用地条件
地势平坦，形状不规则
设用地较多用地权多样

乡村空间骨架
乡村产业、水系统、发展骨架

概念生成

乡村空间骨架
乡村产业、水系统、发展骨架

提升空间品质
结合已有空间，提高生活生产空间品质

维护景观风貌
以水系串联环境节点，营造乡村景观风貌

改善生态环境
改善现有水生态环境，保育动物的多样性

提升经济效益
良好生态促进产业多元发展

发扬地域文化
结合乡村发展需求，突出乡村地域特色与文化特征

形成概念规划
"一横、三心、多片区"空间布置

方案深化

概念规划
"一横、三心、多片区"空间布置

产业发展规划
打破单一产业形式，打造三产整合发展模式

细化功能分区
结合概念规划，细化功能分区

构建景观轴线
结合生产、生活、生态需要，构建多类型乡村

重构水系循环
结合水生态生活，重构水系循环

展现多重水效
结合乡村生活、生态需求，组织水系与乡村空间一体化形式

方案成型
结合多方面需求，形成乡村域划方案

设计成果

方案成型
结合多方面需求，形成乡村村域划方案

完善交通结构
人车分流，明确主次干道

优化节点空间
引入公共节点，拓展乡村旅游空间，引入乡土特色

修补传统水系
分为三级道路系统，满足多种旅游需求

打造特色景观
结合旅游主体，打造景观节点，提升乡村空间景观品质

保护生态空间
形成乡村生态循环体系，保证乡村生态可持续发展

最终成果
结合多方面需求，形成乡村村域划方案

木兰沟村

图 6-51　木兰沟村区位图

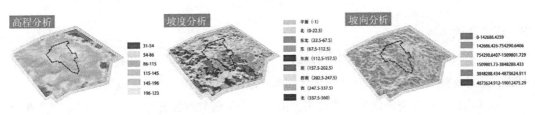

图 6-52　地形特征

木兰沟村现状水系　　　　　　　　　　　　　表 6-23

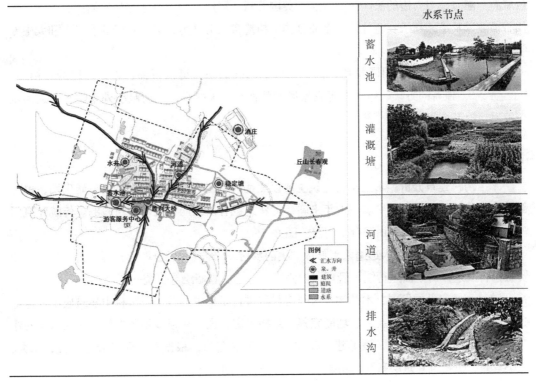

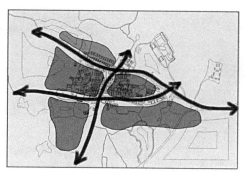

图 6-53　木兰沟村空间结构

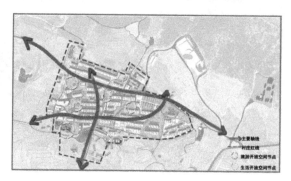

图 6-54　木兰沟村现状交通

路还是泥土路，下雨天地面较为泥泞，难以行走，同时部分区域在雨天易形成积水和内涝（图 6-54）。

3. 资源现状

木兰沟村人口老龄化严重，人口结构严重失衡，老年人和儿童占比较大，青年人多外出打工，急需改善产业结构，吸引青年人才回流，改善人口结构，带动区域经济发展。

木兰沟村通过政府的优惠扶持政策，由领导班子带领村民开发旅游业。以第三产业为主要发展方向，将第一产业的苹果、樱桃、葡萄等瓜果农作物的生产，第二产业的高端葡萄酒庄、农产品等副食加工产业，第三产业相关的旅游业进行创意融合，最终将休闲度假式游玩、体验式旅游、特色葡萄酒风情进行整体包装，推向市场，为游客提供有趣时尚的现代特色旅游。同时，与周边的法国拉菲酒庄、英国苏格兰酒庄、中国香港逃牛岭酒庄、中国台湾仙谷酒业以及蓬莱和圣农业等旅游企业合作，招揽富余劳动力，吸引年轻的农民工和大中专学生回乡创业。

木兰沟村以朴素的田园景色，极具品位的国际酒庄，可以祈福、寄托心愿的丘祖庙，"玉兰人家"独有的野菜、跑山鸡等农家风情美食和宜人的度假居所吸引外来游客，远离城市喧嚣，静享乡间时光。

4. 建筑现状分析

木兰沟村建筑分析。木兰沟村建筑主要以黑瓦或红瓦为顶，结合土砌墙或砖砌墙，也有部分古老建筑采用水磨石砌墙，近年来新建的建筑也有以钢筋混凝土为材料的。传统建筑门窗大多为木质，现在都采用铝合金门窗（图 6-55）。

木兰沟村于 2012 年入选蓬莱市首批"美丽乡村"。经过积极争取和自筹，村庄投入大额资金进行改造，对立面进行统一管理，如修缮、补建、画墙绘等，统一了风格。

随着乡村建设的发展，木兰沟村对村容村貌进行了集中改善，原来村中建筑质量参差不齐，被改善后的建筑造型新颖、功能完善、结构稳定，也存在很多年久失修、无人居住的建筑，房屋破旧，风貌较差，该类建筑存在极大的安全隐患，根据建筑质量分为一类、二类、三类建筑，也根据建筑层高及其功能属性进行分类（图 6-56）。

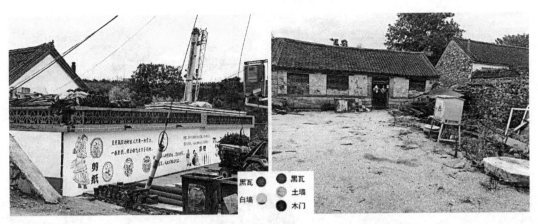

图 6-55　建筑材质分析

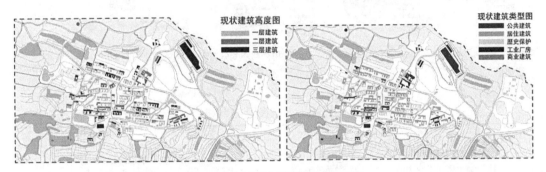

图 6-56　木兰沟村建筑现状分析示意

5. 公共空间分析

公共空间方面，木兰沟村传统公共空间多依托于原村内水系空间与公共建筑空间，但由于经济发展的限制，公共空间功能单一，无法满足村民日常娱乐休闲需求。随着乡村观光旅游产业的引入，村落在修缮原始公共空间的基础上增设了休闲公园、文化广场、观光栈桥等休闲空间，提高了木兰沟村的空间可达性，但整体公共空间依旧相对匮乏，且同质化现象严重，缺乏属于木兰沟村的地域特色与文化的融入（图 6-57）。

6. 木兰沟村空间结构适变

结合上述分析可知，木兰沟村整体从空间形态上呈块状集中型布局，村落整体北高南低，东高西低，形成半包围地势，整体地势较为平坦，可建设用地较多。雨水向东北方向汇聚，在村内形成溢流水系，将乡村空间划分成五个部分。村域范围内土地资源较为丰富，可满足大规模"涉水"基础设施落位的空间较多。乡村第三产业虽有一定建设，但目前规模较小，考虑到未来乡村发展的扩展性，水系统组织布局须具有一定的弹性空间，以适应乡村发展需求。因此，适合木兰沟村的水系统空间组织模式为"块状集中型＋分区并联"模式（表 6-24）。

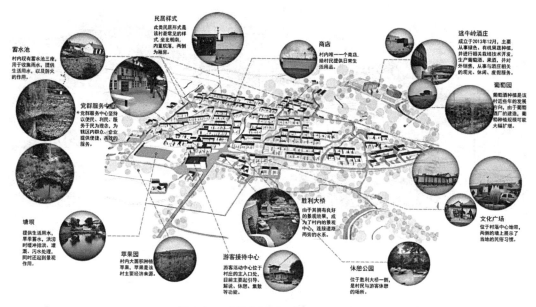

图 6-57　木兰沟村公共空间分布示意

木兰沟村水系统模型选择依据　　　　　　　　　　　　表 6-24

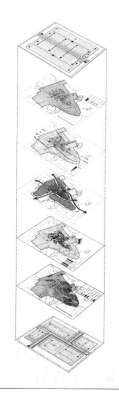

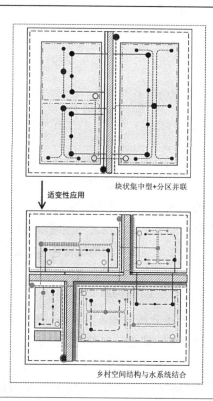

选定水系统空间结构
块状集中型 + 分区并联

地形地势
地形风貌 + 场地高程
分析

水文径流
主要汇水方向 + 水系
分布情况

空间形态
村落布局 + 块状集中型

建筑类型
居住建筑 + 工业建筑 +
文化建筑 + 商业建筑

用地条件
地势平坦，整体可建设
用地较多

乡村空间结构
乡村产业、水系统、发
展骨架

块状集中型 + 分区并联

适变性应用

乡村空间结构与水系统结合

图例	▨ 建筑（群）	▤ 道路	▭ 污水管道	●─ 污水处理点	▬ 溢流水系
	●─ 供水点	○ 雨水收集	----- 供水管道	⋯⋯ 雨水沟渠	┄┄ 分区边界

"涉水"基础设施选择上，考虑到木兰沟村未来发展观光旅游业的需求，以具有一定景观性的生态处理技术为宜，结合木兰沟村的水系空间分布与经济发展需求，最终选取"化粪池＋人工湿地"的水处理设施。

6.2.2　结合水系统专项设计的概念生成

1．木兰沟村水系统结构

居民生活用水主要来自丘山水库，蓄水设施较完善，新建塘坝一座、蓄水池三个、修复平塘一座，雨季蓄水效果较好，但连通性较差，是分散式收集。生活污水流经沟渠与河流，最终汇入塘坝。塘坝有利于毒物和杂质的沉淀和排除。此外，一些湿地植物像芦苇、水湖莲能有效地吸收有毒物质，并将其转化为营养物质，养育鱼虾、野生动物和湿地农作物。

从乡村水系统构成模型库中选取对应的模型，同时具备水系穿过村庄、组团式和分流制这 3 个特征。根据模型中的结构，设计整个村落的供给、收集、处理和传输 4 个系统，将其以拓扑的方式整合到村落的空间结构中。

2．木兰沟村水基础设施价值评估及修复策略

村内"涉水"基础设施主要有公共水井 1 座、单户水井 20 余座、蓄水池 3 座、平塘 2 座、塘坝 1 座、河流 1 条、桥梁 2 座、泄洪沟数条、农田灌溉池数个。木兰沟村虽然水系发达，但是没有形成系统性功效，而且分布不集中，不利于统一管理，水系统的效能不能最优化利用，浪费资源。对木兰沟村的"涉水"基础设施进行价值评估，然后提出相应的修复策略，如表 6-25 所示。

木兰沟村"涉水"基础设施价值评估　　　　　　　　　表 6-25

涉水设施	图片	功能	现状	价值评估	修复策略
公共水井		供给	保存完好	■功能价值　■历史价值 ■景观价值 10 0	加强保护，强调其历史价值，将其作为景观性节点，周围配备相应景观小品，提高其景观效果
家用水井		供给	多数废弃	■功能价值　■历史价值 ■景观价值 10 0	加强保护，提高使用率，水质较差，可以作为非饮用水使用，水井作为农村特色设施，应当保留
蓄水池		收集	管理不善，使用率低	■功能价值　■历史价值 ■景观价值 10 0	将蓄水池的作用充分发挥，加强管理，旱季时，可在蓄水池上方加盖防尘网，避免杂物落入

续表

涉水设施	图片	功能	现状	价值评估	修复策略
平塘		收集处理	使用率高	■功能价值 ■历史价值 ■景观价值 10 0	根据周围农田需求确定平塘大小和数量，需加强管理，避免干涸
塘坝		收集处理	管理完善，使用率高	■功能价值 ■历史价值 ■景观价值 10 0	目前，塘坝在管理和使用方面的处理都比较完善，可以增强塘坝保护物种、维护生态多样性的功能
河流		传输处理	管理完善，使用率高	■功能价值 ■历史价值 ■景观价值 10 0	木兰沟村河流的景观性较好，但是其亲水性较差，可以沿河设置生态驳岸，增加亲水平台、沿河步道
泄洪沟		传输	管理不善，极易堵塞	■功能价值 ■历史价值 ■景观价值 10 0	加强泄洪沟的管理，及时处理杂草，清理淤泥和垃圾，保证水流通畅
暗渠		传输	使用率高	■功能价值 ■历史价值 ■景观价值 10 0	需定期清理，做好防堵措施，加强其隐蔽性，避免破坏路面的整体性
明沟		传输	景观性差	■功能价值 ■历史价值 ■景观价值 10 0	需定期清理，做好防堵措施，需加强景观效果，可以结合绿化带设置
管道		传输	使用率高，管理不善	■功能价值 ■历史价值 ■景观价值 10 0	处理好管道的接口与出口，确保管道能通到相应设施处。避免"有头无尾"式建设

3.木兰沟村水系统空间规划设计

　　根据设计梳理的系统图将木兰沟村分散的涉水基础设施整合，使每个环节的基础设施形成联动作用。首先，对单个设施进行整合，然后再将单个设施归纳到供给、收集、传输、处理四个系统中，最后，将这四个系统整合为一个完整的水系统（表6-26）。

水系统空间规划设计策略　　　　　　　　　　　　　表6-26

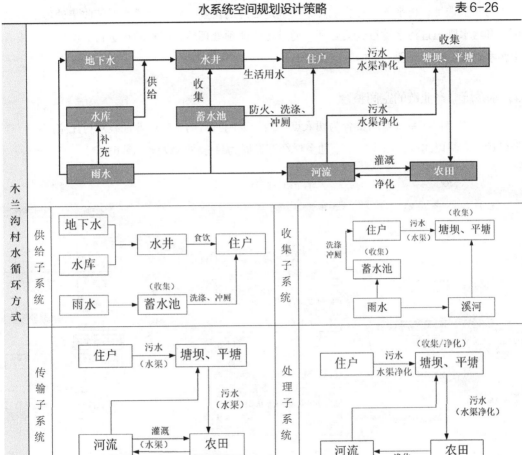

　　供给系统规划主要包括供水点的选择和供水管道的铺设。邻近城镇的乡村可以选择就近接入市政供水管网。木兰沟村远离城镇，且不与其他村庄相连，不便于接入市政供水管网，只能选择单村集中式供水方式。结合木兰沟村已有的蓄水池，根据组团划分需要，在村中组团内较高位置，加建储水设施，使其成为组团内稳定的水源，如新挖深井、蓄水池等，之后再将净化后的水经过埋地的供水管道输送到住户。

　　收集系统规划首先需要根据 GIS 分析得出的乡村地形特征以及汇水方向来确定雨水收集设施的布置。缺水地区尤其需要注重对收集系统的规划设计，来保证雨水资源能够有效利用；水资源丰富的乡村也可以适当设置雨水收集设施，达到节约用水的目的。

　　传输系统规划分为地下管道布置和地表河道、沟渠的设计。地下管道布置需要根据供水管道和污水管道的不同要求分别进行布置，为节约能源，可以运用 GIS 的地形和汇水分析技术，利用地势特点，首先满足污水自流的条件。地表的河道和沟渠为传输雨水的主要渠道。

　　处理系统规划主要包括处理设施的选择、处理设施规模的计算和确定处理设施的选址。第一，根据乡村的规模、地貌特征、空间形态等因素来进行处理设施的选择。第二，从物质代谢的角度，根据计算规则，确定各处理设施的规模。第三，根据平原型乡村水系统构成模型进行初步选址，再平衡各种影响要素来确定最终的位置。雨水由排水系统收集处理，多余雨水和污水则通过污水管道收集处理，通过化粪池预处理后，经过塘坝进行二次处理，或者由污水处理厂进行处理，达标后浇灌农田。

4. 水系统与产业链的空间整合

　　本书主要以水系统空间整合为切入点，结合案例村落的主要产业动线对村庄空间进行规划设计，力图以建设美丽乡村、带动乡村经济发展为目标进行设计（图 6-58）。

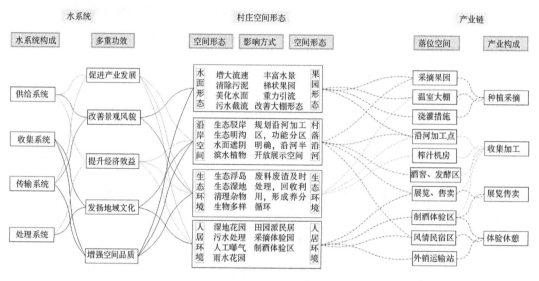

图 6-58　村庄空间形态影响因子

5. 概念生成阶段

　　木兰沟村属于特色保护类村庄。其拥有良好的自然生态景观、历史文化资源，是特色景观旅游名村，是中国传统文化的重要载体，应加以规划、统筹、保护。通过发挥村庄特色资源的优势，打造以乡村旅游和特色产业为支撑的特色美丽乡村，重构水系统空间对村落空间规划的指导意义（表 6-27）。

　　1）支撑"三生一体"发展的村庄骨架优化

　　在构成乡村空间的生活、生产、生态三个方面，生产空间对村庄形态的影响与日俱增，水系统与乡村产业轴共同打造了乡村轴线与骨架结构。在供给系统方面，通过保证供给系统水源供应稳定，合理分配水资源，促进产业发展。确定乡村的发展方向以及村域的功能分区，在整合传输系统时，能够结合村庄道路进行优化设计，例如明沟、暗沟以及排污管道都要沿道路布局、铺设，与整个村庄的骨架相辅相成。

概念规划阶段	表6-27

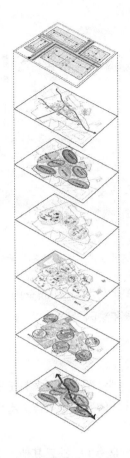

乡村空间结构
乡村产业、水系统、发展骨架

提升空间品质
结合已有空间，提高生活生产空间品质

促进产业发展
优化三产构成比例，推动乡村良性发展

改善生态环境
改善现有水生态环境，保证物种的多样性

提升经济效益
良好的生态促进产业多元化发展

发扬地域文化
结合乡村发展需求，突出乡村地域特色与文化特征

形成概念规划
"一轴、三心、多片区"空间布置

一、支撑"三生一体"发展的村庄骨架优化
二、发挥系统综合效能的功能组团完善
三、营造汇聚乡村活力的节点空间

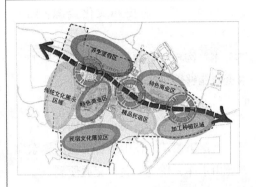

"一轴"：水系统与产业链整合轴：生态种植区—沿河加工带—胜利大桥—塘坝
"三中心"：采摘种植中心、销售体验中心、住宿餐饮中心
"多片区"：生态生活区、特色商业区、精品民宿区、文化展示区、加工种植区

2）发挥系统综合效能的功能组团完善

通过重构水系统，在完成水的代谢循环的同时，使资源得以高效利用，从而带动产业转型升级，大力开发特色产业。划分功能分区，赋予民居多重功能，最大化利用村落空间。将村庄居住空间以及街巷空间，分淡季、旺季分别赋予相应功能。

结合水系统循环方式，将村庄划分为加工种植区、精品民宿区、特色商业区、特色文化展示区、生态生活区等不同功能的区域。

3）营造汇聚乡村活力的节点空间

将以胜利大桥为中心的沿岸空间打造成风景怡人的滨水花园，把废弃的公共水井周边打造成为乘荫纳凉的茶点空间。村中文化广场的塑造可以结合景观需求，植入新的功能空间，在保留原有空间功能的同时，进行生态景观优化，突出地域空间特色。将村庄周边的果园、沿河加工点以及无人居住的民居改造成采摘体验园、实景模拟工坊、小作坊展馆等空间，从而丰富村庄节点空间，提升空间活力。

6.2.3 木兰沟村初步规划设计

1. 梳理地域特色

木兰沟村积极响应国家建设美丽乡村的政策，从实现内生的可持续发展思路出发，首先结合木兰沟村自身优势，整合自然、历史和文化资源（图6-59）。

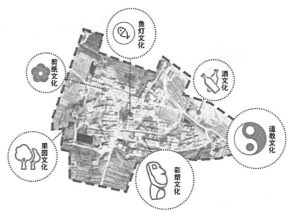

图6-59 木兰沟村文化分析

木兰沟村水资源较为丰富，优质的水资源能够促进区域发展，保障农业丰收，增加工业产值，促进产业升级。

木兰沟村地处蓬莱市大辛店镇东南部，坐落于蓬莱市丘山山谷度假区，东邻丘山水库，风光优美，交通便利，生态环境良好，曾获"逍遥游——好客山东最美乡村""第四届全国文明村镇""中国乡村旅游模范村"等称号，全力打造兼具胶东乡土风味和法国异域情调的木兰风情村。

2. 产业发展规划

在环境资源整治的同时，优化产业结构，刺激新兴产业，打造精品旅游服务区、葡萄酒文化展示区、传统居民保护区、文化活动区等功能区，令曾经"有山没水，人穷地贫"的穷山村华丽转身为旅游名村。

原来的木兰沟村产业形式单一，以第一产业为主，缺乏其他产业支撑。因此，在木兰沟村产业规划中应根据市场需求，合理升级产业，在不影响乡村现有地域文化的前提下，结合木兰沟村自身的特色优势，在现有的农业基础上，引入餐饮、休闲、民宿、教育、展览、制造等多元化业态（图6-60）。

3. 细化功能分区

根据木兰沟村的产业发展，将符合新时代需求的新型功能植入乡村，在保证传统产业发展的前提下，激发乡村整体活力，促进乡村产业发展。因此将木兰沟村功能分区进行重新划分，将村庄分为加工种植区、精品民宿区、特色商业区、传统文化展示区、生态生活区、民俗文化展览区六个功能片区。

4. 重构水系循环

1）"涉水"基础设施空间规模的确定

根据统计数据以及查阅《农村生活污水处理技术规范》《饮食业环境保护技术规范》《饮食建筑设计标准》等相关规范，大致确定了各类建筑的最高排水量，根据各类建筑的污水排放量确定各组团污水处理设施的规模。以曹胜华（2019）在《水系统空间整合下鲁中

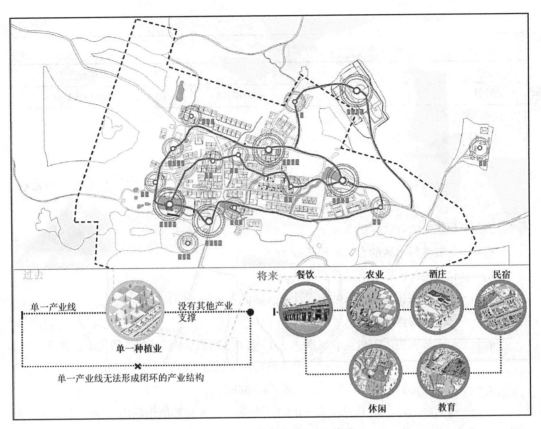

图 6-60　木兰沟村产业升级示意图

山地乡村空间优化设计研究——以济南市朱家峪村为例》中计算得出的各类建筑的排水量为基础数据。

（1）各组团污水量统计

根据表 6-28 中各类建筑的最高日排水量计算，组团 1 里面有 36 户民居，3 户农家乐（按每户 70m² 计算），污水量：36×321+3×70×57=23202（L）。组团 2 里面有 32 户民居，污水量：32×312=9984（L）。组团 3 里有 25 户民居，5 户农家乐，1 座公共卫生间，污水量：25×312+5×70×57+5793=33543（L）。组团 4 里有 28 个民宿（按每户 70m² 计算），1 户民居，污水量：28×70×2.48+312=5172（L）。组团 5 里有 10 个作坊（按每个作坊有 4 间车厢计算），14 户民居，污水量：10×4×33.75+14×312=5178（L）。

各组团污水量统计　　　　　　　　　　　　　　　　　表 6-28

各类建筑最高日排水量					
建筑类型	居住	农家乐	民宿	传统工坊	公共卫生间	逃牛岭酒庄
单元个数	108 户	8 户	28 户	10 户	1 间	1 座
污水量	312L/ 户	571L/m²	2.48L/m²	33.75L/ 间	5793L/ 间	2190kL

续表

各组团最高日排水量							
组团	1	2	3	4	5	逃牛岭酒庄	总计
污水量	23202L	9984L	33543L	5172L	5178L	2190kL	2267kL

（2）化粪池空间设计

$$V=V_1+V_2 \tag{6-4}$$

$$V_1=\alpha nq_1t_1/24\times1000 \tag{6-5}$$

$$V_2=\alpha nq_2t_2（1-b）（1-d）（1+m）/1000（1-c） \tag{6-6}$$

式中：V——化粪池的有效容积（m³）；

V_1——化粪池污水区的有效容积（m³）；

V_2——化粪池污泥区的有效容积（m³）；

α——实际使用化粪池的人数与设计总人数的百分比（%）；

n——化粪池的设计总人数（人）；

q_1——每人每天生活污水量[L /（人·d）]，当粪便污水和其他生活污水合并流入时，为100~170L /（人·d），当粪便污水单独流入时，为20~30L /（人·d）；

t_1——污水在化粪池中停留时间，可取24~36h；

q_2——每人每天污泥量[L /（人·d）]，当粪便污水和其他生活污水合并流入时，为0.8L /（人·d），当粪便污水单独流入时，为0.5L /（人·d）；

t_2——化粪池的污泥清掏周期，可取90~360d；

b——新鲜污泥含水率（%），取95%；

m——清掏后污泥遗留量（%），取20%；

d——粪便发酵后污泥体积减量（%），取20%；

c——化粪池中浓缩污泥含水率（%），取90%。

为了方便计算，将 n（化粪池的设计总人数）统一设置为1，用各组团最高日排污水量来代替 q_1（每人每天生活污水量），t_1（污水在化粪池停留时间）取24h，t_2（化粪池的污泥清掏周期）取90d。便能计算出化粪池的有效容积。

化粪池容积最小不宜小于2.0m³，因此将这三处化粪池的实际建设有效容积确定为2.0m³。化粪池的有效深度不宜小于1.3m，因此，本书统一按照1.3m的有效深度来计算，结合有效容积，就可以计算出化粪池的占地面积 $S_占=V_有/h$（表6-29）。

化粪池容积、占地面积计算 　　　　　　表6-29

各组团化粪池容积（m³）				
组团	1	2	3	4	5
容积	28.1	12.13	40.77	6.29	34.03
各组团化粪池占地面积（m²）				
组团	1	2	3	4	5
容积	21.6	9.3	31.4	4.8	26.2

（3）平原地区污水处理站的设计

村内污水处理站：Q=71.9kL，H=3d，K_1=0.13，K_2=0.6，h=8m

有效池容：$V=QH/1000$=215.7m^3

气室池容：$V_Q=K_1K_2V$=5.6m^3

总容积：$V_T=（K_1+1）V$=243m^3

总面积：$S=V/h$=30.3m^2

酒厂污水处理站：Q=2190kL，H=3d，K_1=0.13，K_2=0.6，h=10m

有效池容：$V=QH/1000$=6570m^3

气室池容：$V_Q=K_1K_2V$=512m^3

总容积：$V_T=（K_1+1）V$=7424m^3

总面积：$S=V/h$=742.4m^2

2）水系统空间与村落空间整合策略（表6-30）

木兰沟村水系统整合　　　　　　　　　　　表6-30

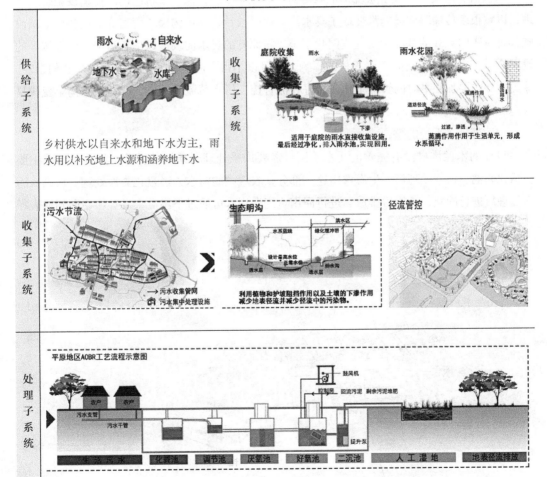

（1）供给子系统的整合

供给系统主要依靠地下水与自来水供给，以水井和自来水管为主要设施。每家每户均接通自来水管道，24小时无间断供水，部分家庭在院子内打了水井，以往水井可提供生活用水，现由于水质不达标，基本废弃。村落中间有一口公共水井，可以加以设计，布置石凳、帐篷等，并种上绿植，强化周围的景观效果，打造以古井为中心的景观节点，对村落景观营造起到了积极的影响；给水管道埋于地下，需按照设计规范建设，其能够正常供水，且便于维修，由于管道基本埋于地下，其对村落空间的影响也很有限；在院内种植蔬菜或景观性植物，提高家用水井的利用率（图6-61）。

（2）收集子系统的整合

收集系统包括调蓄用的雨水收集节点和传输用的河道、沟渠。充分利用坡屋顶收集雨水，在屋檐下种植农作物，直接利用收集的雨水进行浇灌，围绕村落主要人流线路附近的雨水调蓄节点设置公共开放空间，主要包括胜利大桥、河流、塘坝（图6-62）。

（3）传输子系统的整合

从供给、收集到处理子系统都依靠传输子系统来串联，但由于村庄内的传输设施疏于管理，以致很多传输基础设施都变成了臭水沟。通过设计，利用沟渠、管道等疏通各个基础设施，将村庄内点式的基础设施变成网状系统。将原有的臭水沟改造成生态沟渠，生态沟渠的设置会对道路和街巷空间产生积极的影响，既可以丰富空间效果，也可以美化街巷的景观。除此之外，要加强平时的管理工作，做好径流管控、污水截流等工作，避免生态沟渠变成臭水沟。

（4）处理子系统的整合

以往的木兰沟村没有完善的排水管网，需要加强处理子系统的设计。处理子系统主要包括化粪池、污水处理厂、生态农田这三部分，农户中的污水先经过化粪池处理，再进入污水处理厂进行净化，达标后排放，进行回用。浇灌用水可通过下渗、蒸发等作用回到地表径

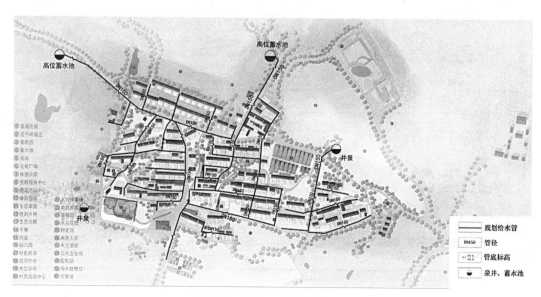

图6-61　供给子系统的整合示意

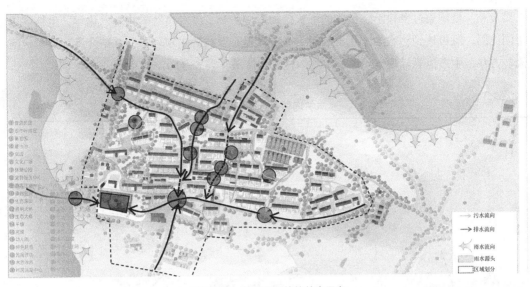

图6-62　收集子系统的整合示意

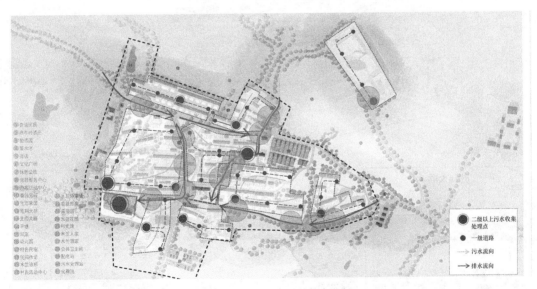

图6-63　处理子系统的整合示意

流。由于葡萄酒厂的污水量较大，所以酒厂单独使用工业性质的污水处理体系，不涉及村中的处理系统（图6-63）。

5．构建景观轴线

以村内的主要河流以及村内主干道确定主要景观轴。景观轴线分主轴线和次轴线，主轴线是指一个场地中把各个重要景点串联起来的一条抽象的直线，次轴线是一条辅助线，把各个独立的景点以某种关系串联起来，作为它们的骨架。

明确景观轴线的另一个优点是给人们视线的指引，沿着轴线的方向，可以看到规划中着重表达的节点空间，强调人们在空间中的体验。沿河加工带就是景观轴线中具有地域特色的重要节点。塘坝通过乡村水生植物的配置，加以微生物、浮游植物的物理、化学、生物三重协同作用，既可达到污水的净化再利用，又可以提升乡村的景观环境，并结合胜利大桥、河流、古井、生态池等景观空间形成木兰沟村景观体系（表6-31）。

木兰沟村景观空间分布　　　　　　　表6-31

| 胜利大桥 | 滨水空间 | 堰塘垂钓 |

6.2.4　木兰沟村优化设计方案生成

本节主要阐述乡村水系统选定模型的适变性。结合木兰沟村的概念方案，梳理木兰沟村地域特色，对乡村产业、水系统、景观等方面进行深化设计，以满足乡村多元化发展需求。从上文中可知，适合木兰沟村的水系统空间组织模式为"块状集中型＋分区并联"模式，结合木兰沟村现状条件以及政策支持的"田园＋地域文化＋特色产业"乡村发展规划的定位，得出适合木兰沟村发展的空间骨架结构，该结构不仅是乡村发展的支撑，也是产业分布和水系统空间组织结构的主干，同时也是形成木兰沟村初步规划的基础（表6-32）。

木兰沟村规划方案形成示意　　　　　　　表6-32

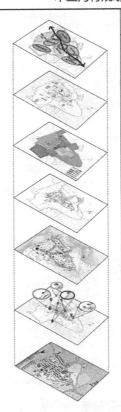

概念规划
一轴、三心、多片区

产业发展规划
打破单一产业形式，打造
三产融合发展模式

细化功能分区
结合概念规划，细化
功能分区

构建景观轴线
结合生产、生活、生态需
要，构建生态型乡村

重构水系循环
结合产业规划，功能分区，
重构水系循环

展现多重水效
结合乡村生活、生产、生
态需求，组织水系与乡村
空间的结合

形成规划方案
结合多方面功能需求，形
成初步规划方案

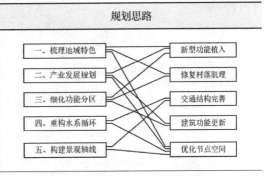

规划思路

一、梳理地域特色　　新型功能植入
二、产业发展规划　　修复村落肌理
三、细化功能分区　　交通结构完善
四、重构水系循环　　建筑功能更新
五、构建景观轴线　　优化节点空间

1. 新型功能植入

对废弃的民居进行修缮后，改造成制酒工坊、农家乐、活动中心、亲子乐园、特色展览馆等具有旅游特色的功能空间，对塘坝加以设计，用作垂钓平台，丰富空间层次（图6-64）。

充分利用村落中的闲置空间，将其划分为组团式、条带式、散点式三个类型，区分旅游淡季、旺季，对闲置空间进行新功能的植入。组团式空间在淡季可作为村民活动广场，旺季时可举办露天舞会。条带式空间在淡季可作为村民的交流、沟通空间，在旺季可举办乡村创意集市。散点式的庭院空间在淡季可作为家庭小菜园，到了旺季，可以作为农家采摘园，供游客采摘纯天然绿色有机瓜果蔬菜（表6-33）。

2. 交通结构完善

依托于原有路线进行设计，对道路进行等级划分。以"水"为引，串联乡村旅游动线，依据木兰沟村新的功能分区，区分外来人口与原居村民的活动流线，划分外来人口活动空间节点与原居村民的生活空间节点，避免外来人口扰乱原居村民的正常生活。拓宽村落主干道为双车道，尽量保证人车分流（图6-65）。

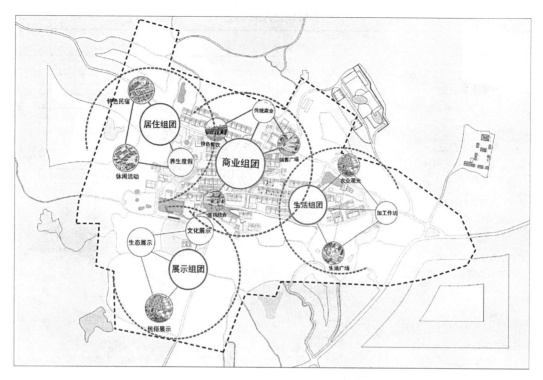

图 6-64　木兰沟村功能植入示意图

庭院空间利用策略			表 6-33

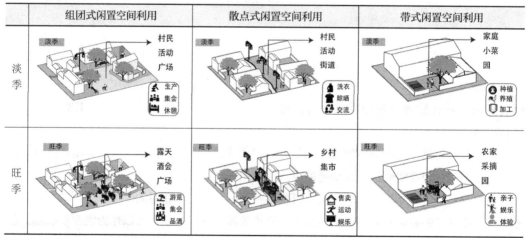

3. 修复村落肌理

村内部分建筑破旧残损，有违章搭建现象，部分沿街立面交接随意，凌乱不堪，严重影响了当地风貌，要对破旧建筑进行修葺，统一沿街立面风格，并加强管理，禁止违章搭建。管理公共空间，增添基础设施，创造休憩空间，增加村落活力。修复街巷空间，增强各级道路的可达性，保证路面硬化率，保障消防通道的通畅（图 6-66）。

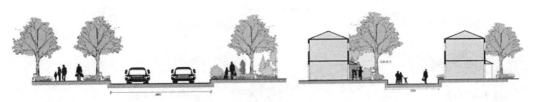

图 6-65 拓宽道路、人车分流

原始水井周边空间混乱无序，绿化分布相对零碎。　　整合凌乱建筑并重新规划场地绿化，形成较为完整的空间形式。　　结合水井布置茶室和配套公共设施，将水井重新利用。　　以水井为景观布置室外休息区，激发场地活力。

图 6-66 村落空间肌理修复示意图

4. 建筑功能更新

村内原有建筑功能不能支撑新兴产业的发展，所以应该对原有建筑功能进行适变性更新。首先提取原有建筑色彩，对旧建筑进行更新，进而赋予翻新建筑以新功能。其次，根据居住现状将多层建筑中的一层储藏与杂物间改造为公共活动空间，将封闭空间改造成灰空间，增强空间的层次感与灵活性。

5. 优化节点空间

对村内的滨水空间进行了改造，原来塘坝只用来蓄水，没有亲水空间，基础设施简陋，不能引人驻足。现将其改造为滨水广场与跑步长廊，增加健身设施，增加该地带的绿化设施，吸引人群前往，激发空间活力（图 6-67）。

6. 木兰沟村水系统整合后的优化设计方案

木兰沟村规划设计中，注重"产业发展轴线"与"水系统空间轴线"双轴统一，以水为引串联乡村的不同产业空间，在打造具有特色水环境的乡村空间的同时，满足乡村产业发展的用水需求和承纳污水的能力，促进乡村多向发展，形成"特色葡萄酒业＋旅游业＋观光农业"的多产业发展模式，实现乡村生态可持续发展。

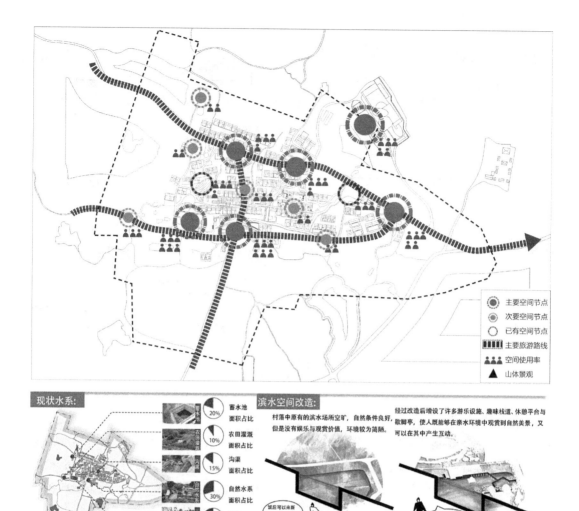

图例内容:
- 主要空间节点
- 次要空间节点
- 已有空间节点
- 主要旅游路线
- 空间使用率
- 山体景观

现状水系:

- 蓄水池面积占比 20%
- 农田灌溉面积占比 10%
- 沟渠面积占比 15%
- 自然水系面积占比 30%
- 塘坝面积占比 25%

滨水空间改造:

村落中原有的滨水场所空旷，自然条件良好，但是没有娱乐与观赏价值，环境较为简陋。

经过改造后增设了许多游乐设施、趣味栈道、休憩平台与散脚亭，使人既能够在亲水环境中观赏到自然美景，又可以在其中产生互动。

饭后可以来新建的公园逛一逛

我可以带汪汪去湖面栈道散步啦

图 6-67 木兰沟村水空间改造示意图

6.3 本章小结

本章以山地地区乡村——济南市朱家峪村和平原地区乡村——蓬莱市木兰沟村为例，运用前文构建的方法体系，从现状分析、初步规划设计、水系统规划设计、水系统空间和乡村空间的整合以及设计结果分析 5 个方面，进行水系统整合下的乡村空间优化设计。设计过程和结果验证了前文构建的方法体系的可行性，但也存在继续优化的空间，如半湿润寒冷地区山地型乡村水系统构成模型的进一步优化以及 GIS 空间分析技术在设施布局方面的深入应用等。

7

总结与展望

7.1　研究总结

　　我国"乡村振兴战略"的提出使建设可持续生态宜居乡村成为未来乡村发展的主要目标，而目前乡村污水肆意排放问题及现代水基础设施建设中存在的问题，都阻碍了生态宜居乡村的建设和乡村的可持续发展，在此背景下，本书将重点放在对乡村水系统空间组织模式的研究方面，但由于不同气候环境区域内的乡村"涉水"基础设施形式与布局方式有着巨大的差异，因而乡村水系统空间组织的研究不能一概而论。本书选取半湿润寒冷地区乡村为研究对象，从水系统的概念、空间植入方式、空间组织模式、适变应用四个方面对其进行系统研究，也为其他区域内乡村水系统空间研究提供一个新的思路。本书主要研究结论如下：

1．乡村水系统概念的提出

　　本书结合相关理论研究，提出了乡村水系统的新概念。以重塑资源闭合循环应对乡村"三水"问题，对乡村"涉水"基础设施与乡村空间建设进行全过程的整合研究，并从空间的视角研究其与乡村空间的关系。目前国内外学者对于乡村水基础设施的研究多停留在宏观的理念应用、基本功能和技术方法的归纳等层面，缺少系统的、完整的、适应不同乡村空间特征的水系统空间体系的研究。本书创新性地提出了乡村水系统的概念，从系统的角度研究内部各个子系统的组织关系，并进一步探究其空间植入方式，从而充实并完善了基础设施布局增益乡村空间形态特色的学术思想，提出了基础设施空间多维功效的学术观点，为乡村可持续建设理论提供了新的补充。

2．设计操作层面的应用

　　本书探索一种由水系统空间串联的乡村空间规划组织方法。以乡村水系统的综合效能为依托，研究乡村水系统对乡村空间的影响，在恢复乡村良性水循环的基础上，尝试将水系统空间组织引入到山东地区乡村规划建设中，并通过建筑学、城乡规划、市政工程、生态学、风景园林等多学科的交融协作，综合技术、空间、社会、美学、经济的五维效能评判，阐明了整合水系统的乡村空间重构模式及类型特征，提出了循环、可持续发展下乡村振兴的建设新路径。与此同时，通过对水系统空间组织方法的制定，构建了乡村水系统空间组织结构模型库，并结合山东地区乡村空间模型，从空间层面构建了水系统空间组织结构库，进一步研究了水系统空间与乡村院落空间、道路体系、公共节点、骨架结构、产业发展的结合方式，最后结合山东地区乡村实际案例分析了水系统空间组织结构在乡村设计中的应用方式，以提高设计在操作层面的科学性。

3. 乡村发展新模式的构建

乡村水系统在维持乡村良性水循环的同时，也具有提升乡村空间环境，增强生态韧性，促进产业多元发展等多种功能。乡村水系统不仅是乡村供水、排水、雨水收集等的设施，更是乡村空间的重要组成部分，在当前建设生态宜居乡村的背景下，通过对水系统空间的合理组织，在重塑乡村水循环的同时，为乡村发展提供了一种操作模式。在重塑代谢循环的过程中，注重产业发展，满足现代新型乡村生产、生活发展的时代需求，既保持了乡村的传统风貌，又维护了乡村的代谢循环，从而改善乡村空间环境，促进乡村产业发展，引导乡村实现良性建设与发展。

7.2 后续研究展望

1. 多区域应用与适变

本书选取山东区域乡村为研究样本，从概念理论到实际应用多层面地探索了半湿润寒冷地区乡村水系统空间组织模式和应用方法，具有较高的应用价值，可以指导相应地区的乡村空间设计与规划。在未来的研究中可以借鉴本书的研究方法，对其他地区、其他类型的乡村进行更加精细化的研究，最终形成完整的水系统空间整合下的乡村空间设计体系。

2. 多维度研究与拓展

乡村水系统研究涉及的相关学科较多，包括建筑学、城乡规划学、工程学、生态学等各类学科。由于精力和时间的限制，笔者对于各个学科中的相关理论知识的学习尚有欠缺，使得本书中的跨学科研究较为浅薄，应进一步拓宽研究尺度和维度，以保证研究的实践性与科学性。同时，本书中采用了 GIS 技术结合定性与定量设计方法，但目前只应用于对具体乡村的地形和水文的分析，并没有完全发挥 GIS 在空间分析方面的优势。日后，可以进一步利用 GIS 的空间分析技术来进行设施的选址和布局，让定量设计和定性设计结合得更为紧密，使得最终的结果更加科学和准确，最大限度地发挥出各类设施的效能。

3. 多学科交叉与探究

乡村空间设计内容广泛，本书对水系统空间组织模式的研究仅是其中的一个分支，希望本书的研究成果对于乡村空间规划设计能起到一些积极的作用。在以后的研究中还需向不同领域的学者请教，大家取长补短，共同促进，进一步完善对水系统空间与乡村空间进行量化研究的框架，为其他地区的生态乡村建设研究探索新的理性方法。

[1]　AGUDELO-VERA C M, MELS A R, KEESMAN K J, et al. Resource management as a key factor for sustainable urban planning [J]. Journal of Environmental Management, 2011, 92(10): 2295-2303.

[2]　BLASCHKE T, BIBERACHER M, GADOCHA S, et al. "Energy Landscape": meeting energy demands and human aspirations [J]. Biomass & Bioenergy, 2013(55): 3-16.

[3]　BERNAL R, LUDA C. Water Urbanism in Bogotá. Exploring the interplay between settlement patterns and water management [C]. 14th N-AERUS Conference. Enschede, 2013: 12-14.

[4]　CONER J. Landscape Urbanism [M]//Mostafavi M, Najle C. Landscape Urbanlism: A manual for the Machinic Landscape. AA Publication, 2004.

[5]　CODOBAN N, KENNEDY C. Metabolism of neighborhoods [J]. American Society of Civil Engineers, 2008, 134(1): 21-31.

[6]　DOUGLAS D. Countryside planning [M]. Andrew W. Gilg, 1978.

[7]　ENGEL-YAN J, KENNEDY C, SAIZ S, et al. Toward sustainable neighborhoods: the need to consider infrastructure interactions [J]. Canadian Journal of Civil Engineering, 2005, 32(1): 45-57.

[8]　EXALL K, MARSALEK J, SCHAEFER K. A review of water reuse and recycling, with reference to Canadian practice and potential: 1. incentives and implementation [J]. Water Quality Research Journal of Canada, 2004, 39(1): 13-28.

[9]　FORMAN R T T. Land masaics [M]//The ecology of landscape and region. Cambridge University Press, 1995.

[10]　GRIGG N S. Water, wastewater, and stormwater infrastructure management: the life cycle approach [M]. CRC Press, 2010.

[11]　HOUGH M. City form and natural process: towards a new urban vernacular [M]. VNR Company, 1984.

[12]　JONES S A, SILVA C. A practical method to evaluate the sustainability of rural water and sanitation infrastructure systems in developing countries [J]. Desalination, 2009, 248(1): 500-509.

[13]　KENNEDY C, PINCETL S, BUNJE P. The study of urban metabolism and its applications to urban planning and design [J]. Environmental Pollution, 2011, 159(8 /9): 1965-1973.

[14]　KOOLHAAS R, MAU B. S, M, L, XL[M]. The Monacelli Press, 1995.

[15]　MAKROPOULOS C K, BUTLER D. Distributed water infrastructure for sustainable communities [J]. Water Resources Management, 2010, 24(11): 2795-2816.

[16]　MCHARG I L. Design with nature[M]. John Wiley & Sons Inc, 1969.

[17]　MOSSOP E. Landscape of Infrastructure[M]//WALDHEIM C. The landscape urbanism reader. CRC Press, 2006.

[18]　PEDERSEN J, VANMATER A. Resource driven urban metabolism: how can metabolic scaling be used in urban design? [C]//Open systems: proceedings of the 18th international conference on computer-aided architectural design research in Asia. 2013: 561-570.

[19]　RAPPAPORT R A. The flow of energy in an agricultural society [J]. Scientific American, 1971, 224(3): 117-133.

[20]　RIJSBERMAN M A, VEN F H M V D. Different approaches to assessment of design and management of sustainable urban water systems [J]. Environmental Impact Assessment Review, 2000, 20(3): 333-345.

[21]　STRANG G. Infrastructure as landscape [M]//CORNER J. Recovering landscape: essays in contemporary landscape architecture. Princetown Architectural Press, 1999.

[22]　TAKEUCHI K, NAMIKI Y, TANAKA H. Designing eco-villages for revitalizing Japanese rural areas [J]. Ecological

Engineering, 1998, 11(1-4): 177-197.

[23] TORRES A S. Modelling the future water infrastructure of cities [M]. Princeton Architecture Press, 2013.

[24] WALDHEIM C. Landscape as urbanism[M]//Waldheim C. The landscape urbanism reader [M]. CRC Press, 2006.

[25] WOLMAN A. The metabolism of cities [J]. Scientific American, 1965, 213(3): 179-190.

[26] GAO X M. Study on the ecological mechanism of urban morphology based on urban metabolism[C]// in The 2015 International Forum on Environment, Materials and Energy. Shenzhen, 2015: 951-954.

[27] JONES S A，SILVA C. A practical method to evaluate the sustainability of rural water and sanitation infrastructure systems in developing countries[J]. Desalination，2010(252): 83-92.

[28] 崔继红, 张照录, 吴忠东, 等. 乡村城镇化进程中物质代谢模式的变迁及环境响应 [J]. 湖北农业科学, 2016, 55（17）: 4608-4611.

[29] 车伍, 闫攀, 赵杨, 等. 国际现代雨洪管理体系的发展及剖析 [J]. 中国给水排水, 2014, 30（18）: 45-51.

[30] 崔东旭. 村庄规划与住宅建设 [M]. 济南: 山东人民出版社, 2006.

[31] 戴彦, 张辉. 山地历史文化村镇保护中的生态问题研究——以巴渝地区为例 [J]. 西部人居环境学刊, 2013（5）: 61-65.

[32] 丁金华, 陈雅珺. 基于空间耦合的苏南水网乡村格局优化策略 [J]. 江苏农业科学, 2015, 43（7）: 364-367.

[33] 丁金华, 王梦雨. 水网乡村绿色基础设施网络规划——以黎里镇西片区为例 [J]. 中国园林, 2016（1）: 98-102.

[34] 冯骞, 陈菁. 农村水环境治理 [M]. 南京: 河海大学出版社, 2011.

[35] 郝晓地, 张向萍, 兰荔. 美国分散式污水处理的历史、现状与未来 [J]. 中国给水排水, 2008, 24（22）: 1-5.

[36] 贺艳华, 唐承丽, 周国华, 等. 论乡村聚居空间结构优化模式——RROD 模式 [J]. 地理研究, 2014, 33（9）: 1716-1727.

[37] 李钰. 陕甘宁生态脆弱地区乡土建筑研究: 乡村人居环境营建规律与建设模式 [M]. 上海: 同济大学出版社, 2012.

[38] 刘滨谊, 张德顺, 刘晖, 等. 城市绿色基础设施的研究与实践 [J]. 中国园林, 2013（3）: 6-10.

[39] 刘兰岚, 郝晓雯. 日本的分散式污水处理设施 [J]. 安徽农业科学, 2011, 39（27）: 16714-16715, 16749.

[40] 孔亚暐, 宗烨. 山地型村落及水系统的空间形态研究——以半湿润区典型村落为例 [J]. 建筑与文化, 2018（1）: 47-48.

[41] 孔亚暐, 张建华, 赵斌, 等. 新型城镇化背景下的传统乡村空间格局研究——以北方地区泉水村落为例 [J]. 城市发展研究, 2015, 22（2）: 44-51.

[42] 孔亚暐, 张建华, 闫瑞红, 等. 传统聚落空间形态构因的多法互证——对济南王府池子片区的图释分析 [J]. 建筑学报, 2016（5）: 86-91.

[43] 马晓冬, 李全林, 沈一. 江苏省乡村聚落的形态分异及地域类型 [J]. 地理学报, 2012, 67（4）: 516-525.

[44] 邵益生. 城市水系统控制与规划原理 [J]. 城市规划, 2004, 28（10）: 62-67.

[45] 沈清基. 《加拿大城市绿色基础设施导则》评介及讨论 [J]. 城市规划学刊, 2005（5）: 98-103.

[46] 石峰. 日本乡村循环经济系统磷代谢分析——以北海道中札内村为例 [J]. 生态与乡村环境学报, 2013, 29（6）: 695-699.

[47] 王秋平, 解锟. 陕西地区新乡村排水系统设计探讨 [J]. 给水排水, 2011, 37（11）: 34-38.

[48] 汪洁琼, 刘滨谊. 基于水生态系统服务效能机理的江南水网空间形态重构 [J]. 中国园林, 2017（10）: 68-73.

[49] 汪洁琼, 邱明, 成水平, 庞磊. 基于水生态系统服务综合效能的空间形态增效机制——以嵊泗田岙水敏性乡村为例 [J]. 中国园林, 2017（1）: 82-90.

[50] 王云才, 刘滨谊. 论中国乡村景观及乡村景观规划 [J]. 中国园林, 2003（1）: 55-58.

[51] 王竹, 朱怀. 基于生态安全格局视角下的浙北乡村规划实践研究——以浙江省安吉县大竹园村用地规划为例 [J]. 华中建筑, 2015（4）: 58-61.

[52] 谢花林. 乡村景观功能评价 [J]. 生态学报，2004，24（9）：1988-1993.

[53] 徐小东，沈宇驰. 新型城镇化背景下水网密集地区乡村空间结构转型与优化 [J]. 南方建筑，2015（5）：70-74.

[54] 尹宏玲，崔东旭. 城镇群基础设施效能评估理论与实践 [M]. 北京：中国建筑工业出版社，2016.

[55] 袁青，王翼飞. 基于价值提升的严寒地区村镇庭院优化策略 [J]. 城市规划学刊，2015（1）：68-74.

[56] 岳邦瑞. 绿洲建筑论：地域资源约束下的新疆绿洲聚落营造模式 [M]. 上海：同济大学出版社，2011.

[57] 曾坚，杨葳，王竹. 可持续发展的乡村人居环境建设理论 [A]// 国家自然科学基金委员会——中国科学院 2011-2020 学科发展战略研究专题报告集：建筑、环境与土木工程 [M]. 北京：中国建筑工业出版社，2011：21-31.

[58] 张焕. 舟山群岛人居单元营建理论与方法研究 [M]. 南京：东南大学出版社，2015.

[59] 张健，高世宝，章菁，等. 生态排水的理念与实践 [J]. 中国给水排水，2008，24（2）：10-14.

[60] 张一飞，赵天宇，马克尼. 能源景观视角下的空间规划改进探讨——以黑龙江生物质能发展策略为例 [J]. 城市发展研究，2014，21（8）：1-4，20.

[61] 邵田. 中国东部城市水环境代谢研究——以上海市为例 [D]. 上海：复旦大学，2008.

[62] 刘勇. 城市形态与城市物质代谢效率的相关性分析 [J]. 城市发展研究，2010，27（6）：27-31.

[63] 张作棋. 天津滨海新区可持续水资源管理的研究 [D]. 北京：中国农业科学院，2011.

[64] 王梦颖. 基于生态智慧转译的南旺分水枢纽区域绿色基础设施构建研究 [D]. 济南：山东建筑大学，2019.

[65] 李俊奇，曾新宇，车伍，等. 乡村城市化过程中排水系统规划 [J]. 北京建筑工程学院学报，2006，22（4）：48-50.

[66] 丁金华. 城乡一体化进程中的江南乡村水网生态格局优化初探 [J]. 生态经济，2011（9）：181-184.

[67] 丁金华. 基于生态理念的江南乡村水域环境建设初探 [J]. 华中建筑，2019，27（7）：65-68.

[68] 雷连芳. 杨陵毕公村绿色水基础设施规划设计研究 [D]. 西安：西安建筑科技大学，2017.

[69] 陈力，杨晓慧，关瑞明. 乡村绿色基础设施系统及其设计策略研究 [J]. 建筑与文化，2018（6）：61-63.

[70] 俞孔坚，李迪华. 城市景观之路：与市长们交流 [M]. 北京：中国建筑工业出版社，2003：32-68.

[71] 董淑秋，韩志刚. 基于"生态海绵城市"构建的雨水利用规划研究 [J]. 城市发展研究，2011，18（12）：37-41.

[72] 车生泉，谢长坤，陈丹，等. 海绵城市理论与技术发展沿革及构建途径 [J]. 中国园林，2015（6）：11-15.

[73] 张毅川，王江萍. 国外雨水资源利用研究对我国"海绵城市"研究的启示 [J]. 资源开发与市场，2015，31（10）：1220-1272.

[74] 许珊珊，陈楚文. 基于"海绵城市"理念的乡村雨水景观设计策略研究 [J]. 现代园艺，2019（2）：144-145.

[75] 冯艳. 从"海绵城市"视角反思乡村景观规划 [J]. 安徽农业科学，2017，45（32）：181-183.

[76] 周艳. "海绵"理念下的乡村规划设计研究——以罗田县匡河镇为例 [D]. 武汉：武汉大学，2017.

[77] 吴丹. 黔东南岜扒村水生态基础设施规划设计研究 [D]. 西安：西安建筑科技大学，2017.

[78] 陈旭东. 徽州传统村落对水资源合理利用的分析与研究 [D]. 合肥：合肥工业大学，2010.

[79] 赵宏宇，陈勇越，解文龙，等. 于家古村生态治水智慧的探究及其当代启示 [J]. 现代城市研究，2018（2）：40-44，52.

[80] 张建华，张玺，刘建军. 朱家峪传统村落环境之中的生态智慧与文化内涵解析 [J]. 青岛理工大学学报，2014，35（1）：1-6.

[81] 王忙忙，王瑞. 传统村落的理水生态智慧以江西钓源古村为例 [J]. 井冈山大学学报（自然科学版），2016，37（6）：71-77.

[82] 黄瑜潇，崔陇鹏，王文瑞. 柏社村传统地坑院的当代传承研究 [J]. 建筑与文化，2017（6）：118-119.

[83] S. 艾哈迈德，毛红梅，等. 雨水资源的收集利用 [J]. 水利水电快报，2012，33（9）：11-12.

[84] 刘文平. 烟台地区院落式住宅屋面雨水收集处理研究 [D]. 烟台：烟台大学，2019.

[85] 于海军，陈修颖. 广西乡村地区生态雨洪调蓄系统研究 [J]. 农村经济与科技，2019，30（1）：258-259.

[86] 曹胜华. 水系统空间整合下鲁中山地乡村空间优化设计研究 [D]. 济南：山东建筑大学，2019.

[87] 桂春雷. 基于水代谢的城市水资源承载力研究 [D]. 北京：中国地质科学院，2014.

[88] 赵杳加. 资源代谢分析方法研究进展 [C]//2010 中国可持续发展论坛 2010 年专刊（二）. 北京：中国可持续发展研究会，2010：5.

[89] 李洁. 兼顾净化功能的北方地区人工湿地植物景观设计研究 [D]. 北京：中国林业科学研究院，2013.

[90] 赵彦博. 资源代谢理念下的生态乡村设计研究—以岳滋村为例 [D]. 济南：山东建筑大学，2017.

[91] 荣婧宏，刘晓光，吴冰. 寒地乡村宜居社区绿色基础设施构建策略研究 [J]. 低温建筑设计，2018（40）：128-132.

[92] 傅英斌. 聚水而乐：基于生态示范的乡村公共空间修复——广州莲麻村生态雨水花园设计 [J]. 建筑学报，2016：101-103.

[93] 王宇，邵孝侯. 日本农地合并中权属调整对我国农村土地集约利用的启示 [J]. 水利经济，2009，27（2）：16-18.

[94] 武玲. 苏南水网乡村景观基础设施韧性规划策略研究 [D]. 苏州：苏州科技大学，2018.

[95] 郭艳梅. 略论依法加强农村空闲宅基地的使用与管理 [J]. 农家参谋，2017（20）：25.

[96] 隋朋贤. 基于村庄环境整治的人工湿地景观营造研究 [D]. 保定：河北农业大学，2013.